Staatsgrenze
Transsibirische Eisenbahn
0
50
100 km
Chor
Samarga
UNION
Bikin
Swetlaja
Swetlowodnaja
Japanisches Meer

W0470626

Juri Pukinski

In der Ussuri-Taiga

Suche nach dem Riesenfischuhu

Verlag Progress Moskau
VEB F. A. Brockhaus Verlag Leipzig

Titel der Originalausgabe:
Ю. Б. Пукинский «По таёжной реке Бикин»

Übersetzung aus dem Russischen von D. Wallschläger

ISBN 3-325-00115-7
© Издательство «Мысль», Москва 1975
2. Auflage
Gemeinschaftsausgabe der Verlage VEB F. A. Brockhaus
Leipzig und Progress Moskau
© deutsche Ausgabe VEB F. A. Brockhaus Verlag Leipzig, DDR, und Verlag Progress Moskau 1983
Lizenz-Nr. 455/150/60/87, LSV 5319
Lektor: Ursula Sträubig
Kartenredaktion: Helmut Sträubig
Schutzumschlag und Einband: Bernhard Dietze
Kartenzeichnung: Jens Borleis
Satz und Druck: UdSSR
Redaktionsschluß: 31. 12. 85
Bestell-Nr.: 587 148 3
01100

Jeder Mensch hat seinen »Blauen Vogel«, seinen Traum vom Glück. Manch einer jagt ihm sein Leben lang nach, kaum einem aber gelingt es, ihn sofort zu erhaschen.

Mit Hartnäckigkeit allein ist der Traumvogel nicht zu fangen, da muß man schon so etwas wie ein Sonntagskind sein.

Auf der Jagd nach seinem »Blauen Vogel« ist der Mensch gewöhnlich in Eile. Das ist zwar natürlich, aber auch unvernünftig, denn das Berauschende an einem Traum ist eben, daß er einem weit entfernt und unerreichbar erscheint. Verwirklicht er sich, hat man etwas verloren. Vielleicht pflegt darum, besonders nach einem großen Glück, der Freude die Traurigkeit auf dem Fuße zu folgen. Der Preis der Freude ist die Traurigkeit, das ist eine Art Lebensgesetz. Nicht das Glück selbst, sondern die Sehnsucht nach etwas Fehlendem, Künftigem ist imstande, im Bewußtsein des Menschen die Vision des »Blauen Vogels« zu beschwören. Und bei mir verband sich diese Vision stets mit unbekannter Ferne und unbegangenen Pfaden. Und wie alle Menschen auf der Suche nach ihrem »Blauen Vogel« war ich dabei in Hast, stürmte ich oft los, ohne mich umzublicken...

Inhaltsverzeichnis

Vorwort zur deutschen Ausgabe

Ich möchte es nicht verhehlen: Daß dieses Buch in der Deutschen Demokratischen Republik erscheint, ist für mich ein erfreuliches, dazu auch bedeutsames Ereignis. Bedeutsam deshalb, weil meine »Aufzeichnungen eines Naturliebhabers« in jenem Land erscheinen werden, dem die Welt einen Alfred Brehm verdankt, in einem Land, in dem man seit eh und je gute Fotos von Vögeln in freier Wildbahn zu schätzen weiß. Allein die Vögel meiner Heimat können mir wohl helfen, mich mit deutschen Fachkollegen zu messen.

So erklärt sich auch mein Wunsch, dem deutschen Leser vor allem die Vogelwelt des Ussurigebietes vorzuführen und über sie zu berichten, wobei ich sein besonderes Interesse auf jene Arten richte, die ihm unbekannt sind. Dieser Wunsch brachte allerdings eine ungewollte Entstellung des wahren Sachverhalts mit sich: In meinem Buch ist meist von »Exoten« die Rede, doch möchte ich den Leser eindringlich bitten, sich ständig vor Augen zu halten, daß in den Wäldern am Bikin selbstverständlich auch ganz gewöhnliche Vögel leben – Kleiber, Meisen, Buntspechte, Sperber, Schwarze Milane und eine Vielzahl anderer Vögel, die jedem Mitteleuropäer bekannt sind. Das Vorkommen »ganz gewöhnlicher Vögel« am Bikin, für die in meinem Buch einfach »kein Platz war«, ist ebenso natürlich wie das exotischer Formen. Daß hier in unmittelbarer Nachbarschaft mit dem seltenen Riesenfischuhu oder dem Schildkauz auch Habichtskäuze und Waldohreulen leben, daß es außer dem rätselhaften Sichelhuhn auch das gewöhnliche Haselhuhn gibt oder daß in derselben Gegend, in der man

Schopfbrandgänsen und ostasiatischen Scheckweihen begegnet, auch ganz gewöhnliche Mäusebussarde und Turmfalken jagen, und auf Wiesen, wo nachts das rätselhafte Gelbfußlaufhühnchen seinen Ruf erklingen läßt, auch beispielsweise Schafstelzen nisten – eben das ist es, was der Fauna des Fernen Ostens ihr einmaliges Kolorit und ihre einmaligen Kontraste verleiht.

Und noch eins möchte ich sagen: Der eigentliche Text und die mit ausführlichen Bildunterschriften versehenen Illustrationen bilden zwei selbständige Teile. Wem die Zeit fehlt, sich in den Text zu vertiefen, der wird sich naturgemäß darauf beschränken, die Fotos zu betrachten und die Bildunterschriften zu lesen. Auch so bekommt der Leser eine Vorstellung von den Vögeln, die die Wälder des Ussurigebietes bewohnen. Wie aber erstmals ein Nest des Riesenfischuhus gefunden wurde, wie dieser seltene Vogel lebt – das wird er dann allerdings nicht erfahren...

Juri Pukinski

Ein Zauberland

In einem Nachschlagewerk steht folgendes zu lesen: »Riesenfischuhu – Ketupa blakistoni. Seltener Standvogel. Über seine Fortpflanzung ist nichts bekannt. Einer der am wenigsten erforschten Vögel der Sowjetunion.«

Der Riesenfischuhu kommt nur an den größeren Flüssen des Fernen Ostens und an der Küste des Ochotskischen Meeres, südlich von Magadan vor. In geringer Anzahl lebt er auch auf einigen Inseln des Fernen Ostens, z. B. auf Sachalin und Kunaschir. Weiter nach Süden hin schließt sein Verbreitungsgebiet Japan und Nordostchina ein.

Der Traum, diesen rätselhaften Riesenfischuhu mit eigenen Augen zu sehen, wenigstens einiges über seine Lebensweise zu erfahren, wurde in mir zusammen mit dem sehnlichen Wunsch geboren, das Ussurigebiet aufzusuchen, wo einmal der rastlose Entdekkungsreisende Wladimir Arsenjew* mit seinem geradezu schon legendären Führer, dem Golden Dersu Usala, umhergezogen war. Dieser Wunsch wuchs sich mit der Zeit zu dem unbezwingbaren Drang aus, das Brutverhalten der Vögel des Primorje – des an der Küste des Japanischen Meeres gelegenen Teiles des sowjetischen Fernen Ostens – kennenzulernen.

---

* Wladimir Arsenjew (1872–1930), russisch-sowjetischer Forschungsreisender, Ethnograph und Schriftsteller, erforschte in den Jahren 1902/10 das Ussurigebiet. Das bekannteste seiner Bücher, von denen mehrere auch in deutscher Sprache erschienen sind, ist »Dersu Usala, der Taigajäger«, das in der DDR neu verlegt wurde (*Anm. d. Red.*).

Es vergingen jedoch etliche Jahre, ehe es mir gelang, diesen Traum zu verwirklichen. Während dieser Zeit hatte ich fast den ganzen Nordwesten der RSFSR durchwandert, war ich in die Berge des Altai gefahren, hatte einige Sommer in den schier endlosen Schilfgebieten der Barabasteppe in Südsibirien verbracht, war am Tschany, einem abflußlosen Salzsee in dieser Barabasteppe, umhergeirrt, war am Dnepr gewesen und in verschiedenen anderen hübschen Winkeln der Sowjetunion. Mein Traum aber, durch die Wildnis des Ussurigebiets zu streifen, ließ mir keine Ruhe.

Aber alles das ist jetzt lange vorbei. Sieben Jahre meines Lebens habe ich der Taiga des Fernen Ostens gewidmet. Vier Sommer lang befaßte ich mich mit dem Brutverhalten der Vögel des Primorje, machte ich »Jagd« auf den geheimnisvollen Fischuhu.

Im ersten Jahr wandte ich mich dem Naturschutzgebiet »Kedrowaja Pad« zu, das für mich gewissermaßen zum Tor des Ussurigebiets geworden ist. Dieses Naturschutzgebiet liegt unweit von Wladiwostok und ist leicht erreichbar. Hier den Riesenfischuhu zu treffen, daran war allerdings nicht einmal im Traum zu denken. Im Tal des einzigen Flusses in diesem Gebiet, der Kedrowaja, die fischarm ist, kommt er überhaupt nicht vor.

In der zweiten Saison im Felde zog ich um an den wasserreichen Bikin. Dieser entspringt in den Ausläufern des grauen Sichote-Alin, wendet sich in Richtung Sonnenuntergang und jagt tosend zu Tal. Im Nu hat er mehr als vierhundert Kilometer zurückgelegt, ehe er sich plötzlich in der Ebene wiederfindet und sich, nun schon verhältnismäßig ruhig, dem launenhaften Ussuri nähert, in den er zwischen der Großen Ussurka und dem Chor mündet. Der Ussuri seinerseits speist den Amur, der gen Osten strömt, zum Stillen Ozean.

Am Bikin fand ich zahlreiche interessante Vögel. Was allerdings den Fischuhu betraf, so wahrten die von mir für dieses Jahr ins Auge gefaßten Plätze nur noch die Erinnerung an ihn. Die Alteingesessenen behaupteten zwar übereinstimmend, vor noch gar nicht langer Zeit, vor rund zwanzig Jahren, hätte man den Schrei dieser Eule fast jede Nacht hören können. Aber neues Volk sei gekommen, Motorboote seien aufgetaucht, so erzählten sie, und da sei der Fischuhu verschwunden. Viele Vögel seien auch in den Fallen verendet, die Jäger für Fischotter und Nerz aufgestellt hatten.

Die Meinung der Einheimischen lief darauf hinaus: Wenn du den Riesenfischuhu sehen willst, mußt du mindestens an die siebzig Kilometer weiter flußaufwärts ziehen. Aber der Frühling war schon weit vorgeschritten, und ringsum gab es so viele andere interessante Vögel, die ich noch nicht kannte, und so blieb ich dort. Später bin ich allerdings auch an den Oberlauf des Bikin gekommen, und nicht nur siebzig, sondern fast einhundertsiebzig Kilometer weiter flußaufwärts, und habe dort, weit oberhalb der Siedlung Barchatnoje, den Ruf des Fischuhus mit eigenen Ohren gehört. Bis zum heutigen Tage habe ich diesen tiefen, langsam abklingenden Laut im Ohr, der noch eine ganze Zeit im Dunkel der Nacht hing. Doch der Zeitpunkt war verpaßt, das Nest zu Sommerende suchen zu wollen war sinnlos.

Erst im dritten Jahr, das ich dem Primorje widmete, habe ich erstmals in meinem Leben mit eigenen Augen einen echten, lebenden Riesenfischuhu erblickt! Aber auch in jenem Jahr gelang es mir noch nicht, sein Nest zu finden – dazu bedurfte es noch eines weiteren, eines vierten Jahres. Um wenigstens etwas aus dem Leben dieses scheuen Vogels zu erfahren, verbrachte ich »tausendundeine« schlaflose Nacht. Darunter waren Nächte voller geheimnisvoller Geräusche und voller Furcht, voller Entdeckungen und nicht enträtselter Geheimnisse. Nächte, unbeschreiblich lang, und – umgekehrt – andere, die im Nu verflogen. Es gab dunkle und sternklare, kalte und schwüle Nächte, aber nicht eine glich der anderen.

Der größte Teil des Landes am Bikin ist noch von Urwald bedeckt. In diesem ganzen riesigen Gebiet hat die Taiga unendlich viele Gesichter. Hier kann man in einen düsteren Schwarztannenwald geraten, sich in mächtigen, wilden Auenlaubwäldern verirren, in verhältnismäßig lichte Gebirgsmischwälder kommen. Obwohl am Bikin Holz eingeschlagen wird, erreichen in der Flußaue sehr viele Bäume das Höchstalter und fallen durch ihren Riesenwuchs auf. Besonders beeindrucken einen die Pappeln, deren Stammdurchmesser in Manneshöhe oft über zwei Meter beträgt. Ihre

Höhlungen bieten sogar einem Bären Platz, und mich schützten sie oft bei Wolkenbrüchen.

Der Wechsel von Tälern, Bergkuppen (Sopkas) und Senken, die im Sommer reichlich vorhandene Feuchtigkeit und Wärme – dies alles schafft am Bikin Bedingungen für das Gedeihen der verschiedenartigsten Pflanzen: Manche Pflanzen wachsen hier schon seit undenklichen Zeiten, sind gewissermaßen lebende Denkmale längst vergangener geologischer Epochen. Dazu gehören zum Beispiel: die Zirbelkiefernart Pinus koraiensis, der Stolz des Primorje; die nur noch auf ein kleines Gebiet beschränkte Eibenart Taxus cuspidata; die Tannenart Abies holophylla; der Amurkorkbaum; die Mandschurische Walnuß; alle drei Aralienarten, nämlich der berühmte Ginseng, der Eleutherococcus und die Mandschurische Aralie, deren Stamm mit spitzen Stacheln besetzt ist. Ebenfalls zu den Relikten zählen einige Farne.

Wenn man den Bikin von der Mündung aus flußaufwärts fährt, kann man schon bei Nishni Perewal prachtvolle Mischwälder sehen, in denen Laubbäume überwiegen, und dichte Auenwälder, die bis fast an die Ufer heranreichen. Hier stehen gewaltige, schon von ihrem Äußeren her schwergewichtig aussehende, hellgrau berindete Talulmen (Ulmus propinqua) und die mächtige, breitausladende jahrhundertealte Chosenia. In diesen Wäldern kämpfen die Esche, die Mandschurische Walnuß, der Amurkorkbaum mit seiner lichten Krone und die Linde erfolgreich um einen Platz an der Sonne. Es heißt, man könne in so einem Wald von einer einzigen Stelle aus etwa zwanzig verschiedene Baumarten zählen. Ich habe zwar nicht gezählt, glaube es aber gern.

Mitten in diesem Reich üppigen Grüns stehen bald hier, bald dort riesige »Einzelgänger« – Pappeln und Zedern (Zirbelkiefern), die wer weiß durch wen hierher gelangt sein mögen. Unter ihnen wachsen verschiedene Ahornarten, der Amurflieder, der Daurische Faulbaum, die alle selten bis ins erste Stockwerk vorstoßen, üppig grünt auch die asiatische Traubenkirsche. Noch tiefer, im Unterholz, wächst die Chinesische Haselnuß, prangt der Mandschurische Ahorn, blinken rubinrot die Früchte der Johannisbeere, auf Lichtungen und an Waldrändern aber schaffen die hübsche Fiederspiere und der bescheidene Jelängerjelieber undurchdringliche Dikkichte. Die bis zu einem Meter hohen Rosetten des Straußfarns bilden lebende, beim geringsten Lufthauch wogende Teppiche.

Oberhalb von Werchni Perewal wandelt sich das Gesicht der Taiga allmählich; Mischwälder aus Zirbelkiefern und Laubbäumen herrschen hier vor. Hier, unmittelbar neben jahrhundertealten Zirbelkiefern, die gewissermaßen Urwüchsigkeit und Strenge der echten Taiga verkörpern, leuchten Laubbäume in allen Grüntönen. Unter dem Gewölbe eines Zirbelkieferriesen verfällt man unwillkürlich ins Flüstern, richtet man aber den Blick in die lichte Krone einer Esche und sieht man dort das unendliche Blau des Himmels hindurchschimmern, dann möchte man singen... Besonders prächtig sind diese Wälder in der Umgebung von Krasny Jar und Barchatnoje.

Selbst die aus Zedern und Laubbäumen zusammengesetzte Taiga am Oberlauf des Bikin ist unwahrscheinlich dicht und mächtig. Die Bäume erreichen hier fünfundzwanzig, dreißig und mehr Meter Höhe. Nicht selten bestehen solche Wälder zu zwei Dritteln aus bronzefarbenen jahrhundertealten Koreazedern. Außerdem sind im oberen Stockwerk noch gelbe Birke, Chinesische Birke, Bergulme, Ahorn, Esche, Amurkorkbaum und Linde zu finden. Im zweiten Stockwerk wachsen Grünrindiger Ahorn (seine Rinde ist tatsächlich grün, und die Blätter sind fast herzförmig), Maximowitsch-Weißdorn, Mandschurischer Apfel (seine elastischen Zweige klammern sich an den Wanderer, halten ihn fest), Daurischer Faulbaum und andere Halbbäume und Halbsträucher, die im Vollschatten der Baumriesen überleben können. Einige Spindelbaum-, Geißblatt- und Schneeballarten bilden ein undurchdringliches Dickicht. Stellenweise sind die Bergkuppen mit stachligem Eleutherococcus, mit Jasmin, Haselnuß- und Spiersträuchern bedeckt.

Aus dem unteren Stockwerk ins obere schlängeln sich dunkle Lianen (Aktinidien), und die zu einem einzigen Strauch verflochtenen Ranken der Amurrebe verleihen so dem Wald ein besonderes, tropisches Kolorit. Die bernsteinbraunen Ranken der Spaltblume umschlingen die Baumstämme. Die Früchte dieser hübschen

Pflanze vertreiben die Müdigkeit. Selbst ein aus ihrer Rinde bereiteter Trunk erfrischt und stärkt einen spürbar. Unter den Bäumen aber breiten sich dichte Teppiche aus Farnen aus. Besonders üppig wuchert der Dickwurzlige Farn. Stellenweise ist der Erdboden von einem federnden Teppich aus Blättern des Östlichen Maiglöckchens bedeckt, das größer als die europäische Form ist. Hier prangt auch die Japanische Pfingstrose, an feuchten Plätzen grünen Sauerklee, Eisenhut, Zweiblättrige Schattenblume, Einbeere und eine Vielzahl bekannter und unbekannter Gräser.

Am Oberlauf des Bikin, an der Stelle, wo Kljutschewaja und Sewa einmünden, reicht düsterer Wald aus Fichten und Tannen bis fast an die Golzy * und das Zwergkieferndickicht heran. Hier wachsen die Schatten ertragende Tanne und die Ajanfichte, deren spitze Kronen wie Berggipfel die hier tiefhängenden Wolken durchstoßen. In solchen Wäldern ist es sogar an klaren Tagen still und dämmerig, hier ist das Reich der Moose und Flechten. Besonders beeindruckend sind die Bartflechten, deren graue Zotteln von Stämmen und Zweigen herabhängen. In nächster Nachbarschaft mit Ajanfichte, Geißblatt und Ahorn kann man Preiselbeere, Heidekraut und die Rauschbeere entdecken.

Diese Wälder reichen oft bis an die mit Lärchen bestandenen Hochflächen der Wasserscheide heran, wo es zu jeder Jahreszeit hell ist. Das Primorje ist wahrhaftig ein Land der Gegensätze! Und wenn man dem noch hinzufügt, daß im Frühjahr die umliegenden Bergkuppen vom Sibirischen Sumpfporst und vom Daurischen Rhododendron buchstäblich rosarot schimmern, dann kann man das Gebiet am Oberlauf des Bikin in der Tat als einen paradiesischen Erdenwinkel bezeichnen.

An manchen Stellen ist die Bikin-Aue stark versumpft. Hier gedeihen feuchtigkeitsliebende Pflanzen: Weidenblättriger Spierstrauch, Ebereschenblättrige Fiederspiere, Barterle, Amurflieder, Asiatische Traubenkirsche, Mandschurische Birke und Espe. In der Aue gibt es auch völlig offene Moosmoore, auf denen man nur

---

* Golez (Mz. Golzy), über die Waldgrenze hinausragende kuppige Gipfel, oft von Schuttströmen bedeckt (*Anm. d. Red.*).

1/2 Das Ussurigebiet im Fernen Osten der Sowjetunion ist ein Traumland. Mit unzähligen Armen hat sich der mächtige, wasserreiche Bikin in diese ausgedehnte Waldlandschaft eingeschnitten

3 Nur an Fest- und Feiertagen tragen die Udehe noch ihre farbenfrohe traditionelle Kleidung, und die bei ihnen einst gebräuchlichen Einbäume sind längst von Motorbooten abgelöst worden

4 Aber auch warme, von pulsierendem Leben erfüllte Tage kennt der Sommer hier am Bikin

5 Am Unterlauf des Bikin kommt die Chinesische Weichschildkröte vor; der Ursprung dieser Tiergruppe kann bis in ferne geologische Zeiten, wahrscheinlich bis ins frühe Mesozoikum, zurückdatiert werden

6 Regen und Nebel sind im Ussurigebiet häufige Gäste

7 Das Backenhörnchen, das Burunduk, führt ein von steter Hast erfülltes Leben. Sein übermütiges Pfeifen hallt überall durch die Wälder des Primorje

8 Wenn in einem Jahr die »Zedern«, die Zirbelkiefern, reichlich Nüsse tragen, nisten hier zahlreiche Tannenhäher, typische Bewohner der Taiga

9 Für das menschliche Ohr kaum wahrnehmbar nähert sich die Amurnatter, eine Art »lebende Liane«, die im sowjetischen Fernen Osten vorkommt

10 Erst spät zieht der Frühling hier am Bikin ins Land...

11 Selbst an sonnigen Tagen ist es in diesem Wald mit seinen verschiedenen Stockwerken dämmrig. Doch viele Vögel lieben das, beispielsweise die Nachtigall

12 Von Ende April an sammeln sich die Blauelstern am Bikin mit seinen unpassierbaren Dickichten. Ihre Nester fand ich unter Büschen auf der Erde und in den Kronen niedriger Bäume. Blauelstern sind ungewöhnlich neugierig und zutraulich

13 Typische Waldbewohner sind die Fliegenschnäpper. Am Oberlauf des Bikin ist dieser Tannenschnäpper sehr häufig. Sein Nest findet man allerdings selten, zu gut ist es unter Fichtenwedeln verborgen

14 Nicht selten in der Taiga ist auch der Blauschnäpper. Sein Nest entdeckte ich auf Felsen im Walde, auf hochragenden Wurzeln gestürzter Bäume, in Rissen von Baumstämmen

15 Je mannigfaltiger die Vegetation in den Auewäldern ist, um so häufiger kann man dort den Narzissenschnäpper beobachten, einen der schönsten Vögel des Ussurigebiets, der in Baumhöhlen nistet

16 Der Braunschnäpper baut sein Nest in der Regel offen, oft auf einem dürren Ast; es besteht aus Moos und Flechten und ist auf diese Weise vorzüglich getarnt

1

2
3

4

5

12

13

4

15

16 18

17 19

20 22

21 23

4
5
6

27

28

29

17 Mehrere Arten Krähen bewohnen die Wälder am Bikin. Am häufigsten begegnet man der Großschnabelkrähe, die jedes auf dem Fluß auftauchende Boot mit lautem Krähen begrüßt und begleitet

18 In lichten Wäldern kann man den reinen Flötenton des
19 Schwarznackenpirols hören, der sein Hängenest meist an Erlen-, Lärchen-, Birken- oder Zitterpappelzweigen baut. Das Gelege enthält gewöhnlich vier rosa Eier mit dunkelbraunen Tupfen

20 Hoch oben in den Kronen hat auch der Rostflankenbrillenvogel sein kleines Hängenest von nur etwa 6 cm Durchmesser. Das Leben dieser Vögel läuft in raschem Tempo ab: Drei bis vier Tage Nestbau, zehn Tage Brüten, und schon nach weiteren neun Tagen verlassen die Jungen das Nest...

21 In schattigem Wald vernimmt man selbst bei Tage häufig das Trillern der Blaunachtigall; den Vogel selbst bekommt man allerdings nur selten zu Gesicht

22 In den dichten Wäldern aus Tannen, Fichten, Zirbelkiefern (»Zedern«) und Birken hört man mitunter ein seltsames »Wiehern« – das ist der Gesang der Schwirrnachtigall, die als Nistplatz Halbhöhlen und Baumrisse bevorzugt

23 An Waldrändern nistet in Dickichten gern das Rubinkehlchen, ein recht scheuer Vogel

24 Selbst in der entlegensten Taiga gibt es stets Vögel, die es zum Men-
25 schen zieht. Dazu gehört der Spiegelrotschwanz, dessen Nest man häufig in Jagdhütten findet

26 Jedes Stockwerk des Auewaldes wird von bestimmten Vogelarten bewohnt. Am höchsten wohnt der Graumennigvogel. Um ihn beobachten zu können, mußte ich mir hoch oben in einer Baumkrone ein Versteck einrichten

27 Das Sternrötel verbringt die meiste Zeit auf dem Erdboden, wo sich, unter einer Steinplatte etwa, auch sein Nest befindet

28 Am Bikin trifft man mehrere Drosselarten an; die größte ist die Erddrossel, die nachts singt. Stundenlang läßt sie ein tiefes melancholisches Pfeifen hören, das manchmal in einem leisen Zwitschern endet. Die Erddrossel macht vor allem auf Regenwürmer Jagd

29 Wo der Blauschwanz lebt, ist die Taiga besonders wild. Von Ästen und Stämmen hängen Flechten herab. Solche Wälder findet man am oberen Bikin, und hier ist dieser Vogel genauso häufig wie etwa das Rotkehlchen in Osteuropa, dem er auch in seinem Verhalten ähnelt

vereinzelte Lärchen und zwergwüchsige Birken sehen kann und wo auf Bülten die rote Moosbeere wächst. Der Schmuck dieser Moore ist die Iris. Da gibt es weiße, blaßrosa-fliederfarbene, intensiv violette und wunderbar blaue Blüten, die ihre Farbe in Abhängigkeit von Alter und Beleuchtung ändern. Wo die Moosmoore in Wiesen übergehen, tauchen sofort wie Flammenzungen die grellgelben Türkenbundlilien und stolze orangefarbene Lilien auf. Und wie viele andere Blumen gibt es da noch auf den Wiesen: leuchtende und unauffällige, zart oder fast sinnenverwirrend duftende, auffällige oder aber kaum bemerkbare, die durch ihre Unaufdringlichkeit bezaubern. Und obwohl jede dieser Blumen für sich allein schön ist – nur wenn man sie auf den Auenwiesen des Bikin alle auf einmal vor sich sieht, kann man ihre wahre Schönheit und damit auch die der Wildnis des Ussurigebiets ermessen.

Der Vegetation entspricht auch die Tierwelt dieser Gegend. Der Bikin selbst ist reich an Fischen. Im Herbst kommt regelmäßig der Ketalachs zum Laichen hierher, in seinem kalten Wasser tummeln sich Äsche und Lenok (eine Forellenart). Besonders beeindruckt hat mich der Taimen (ein naber Verwandter des Huchen), ein großer Raubfisch aus der Familie der Lachse, dessen Maul über und über mit Zähnen besetzt ist. Zähne sitzen sogar unter den Kiemen! Am Bikin bekam ich erstmals den hier als Gubar bezeichneten Hemibarbus labeo zu Gesicht und werde wohl immer den ungewöhnlichen Blick seiner schwarzen, etwas abgeplatteten Augen im Gedächtnis behalten, aus dem hoffnungslose Traurigkeit und sogar Vorwurf zu sprechen schienen. Auch an den im Mittel- und Unterlauf häufigen gelbgrünen Fernöstlichen Wels erinnere ich mich, der den Hauptstachel seiner Rückenflosse so aufrichten kann, daß diese nicht von der Stelle zu bewegen ist.

Von den Säugetieren erwähne ich nur die, die ich selbst zu Gesicht bekommen habe. Am Oberlauf ist der Elch verbreitet. Ich habe ihn an stillen Quellflüssen äsen sehen, von deren Grund er Pflanzen heraufholte. Wenn er den Kopf hob, troff von seinem höckrigen Maul das Wasser. Mehrere Male traf ich das leichtfüßige Moschustier. Flink wie ein Vogel erklimmt es auch die steilsten Berge. Auf Tierwechseln zeichnen sich Fährten von Braunbären ab. Und immer wieder verbellte mein Hund Burunduks (Backenhörnchen) und Mandschurische Eichhörnchen (im Sommer sind sie fast schwarz), jagte er Zobel auf die Bäume. Auf Geröllhalden hörte ich die Pfiffe von Pfeifhasen, Verwandte unserer Hasen. Die Stimmen der Pfeifhasen haben verblüffende Ähnlichkeit mit Vogelstimmen, sie klingen wie die um Nahrung bettelnder junger Drosseln.

In den Wäldern aus Zirbelkiefern und Laubbäumen habe ich herrliche Isubrahirsche angetroffen. Wie wunderbar ausdrucksvoll und schön sind ihre großen, erschrockenen Augen. Mit hohen Sprüngen flüchteten vor mir graziöse Rehe. Übrigens ist das Bellen des Rehbocks dem des Bären sehr ähnlich; wenn man es nachts hört, verhält man unwillkürlich den Schritt. Stets unerwartet waren einem die Begegnungen mit Wildschweinen. Im Auenwald stößt man ständig auf Spuren der Tätigkeit des Asiatischen Schwarzbären oder Kragenbären, der sich von den Früchten der Traubenkirsche ernährt. Wenn die Früchte reifen, baut sich der Bär hier ganz eigenartige Plattformen, eine Art Nester, und macht es sich für längere Zeit in einer Baumkrone bequem. Während meiner Arbeit bekam ich viele Male Sibirische Nerze, Dachse, Igel und Marderhunde zu Gesicht.

Einmal entdeckte ich unmittelbar neben einem Rastplatz eine Baumhöhle, in der ein Flughörnchen seine Wochenstube hatte. Das großäugige Hörnchen kam jedes Mal, wenn sich jemand dem Baum näherte, aus seinem Schlupfloch heraus und blieb unbeweglich davor sitzen. Die dunkle Öffnung, die durch das Tier verschlossen wurde, war dann, wie es im Märchen vorkommt, unsichtbar geworden. Ein anderes Mal stieß ich buchstäblich auf eine Familie des Fernöstlichen Marders. Das Weibchen flüchtete sofort in großen Sprüngen, die Jungtiere aber kletterten auf die nächste Zeder und versteckten sich in der Krone. Fast auf jeder Sandbank des Bikin konnte man Fährten des Fischotters und des in diesem Gebiet mit Erfolg akklimatisierten amerikanischen Mink beobachten. In den Weidenbeständen am Fluß leben Schneehasen, und es gibt noch viele andere Säugetiere in diesem unberührten Erdenwinkel. Auch mit einem Tiger hatte ich eine Begegnung...

An Reptilien traf ich ständig die Amurnatter, eine ungefährliche Schlange, die anderthalb und mehr Meter Länge erreicht und behend an Bäumen klettert, wobei sie sich an kleinsten Unebenheiten der Rinde festhält. Auf von der Sonne erwärmten Felsen sah ich mit eigenen Augen regelrechte Knäuel aus vier, fünf und manchmal auch mehr Halysottern, deren Bisse nicht weniger schmerzhaft sind als die gewöhnlicher Ottern. Am Bikin-Unterlauf kommen Weichschildkröten der Art Trionyx sinensis vor. Ich fand auch deren »Nester« – kleine Gruben auf Sandstränden mit darin vergrabenen Eiern.

Fast überall ist hier der Fernöstliche Grasfrosch anzutreffen, dessen Gequake im Frühjahr bei Tonbandaufnahmen von Vogelstimmen sehr stört. Das »Glockengeläute« der Amurunke ist fast die ganze erste Sommerhälfte über zu hören. Die auf Bäumen lebenden Laubfrösche quaken während ihrer Laichzeit so einträchtig und lautstark, daß man sich in ihrer Nähe kaum unterhalten kann. Hier kommen auch Kröten vor, von denen einige äußerst beeindruckende Größe erreichen.

In den Auenwäldern am Bikin wird man natürlich sofort an die Insekten erinnert. Ich will nicht von Mücken, Bremsen, Kriebelmücken und Gnitzen sprechen, die einen in der warmen Jahreszeit weder Tag noch Nacht in Ruhe lassen. Ich nenne lieber diejenigen, die dem Menschen in der Taiga das Leben zur Freude machen. Das sind vor allem die Schmetterlinge, zu deren prächtigsten zweifellos die Segelfalter zählen. Riesig, blaß schimmernd, sind sie auffällig viel größer als ihre europäischen Artgenossen; sie gleiten ständig im Tiefflug am Ufer entlang, sitzen in Gruppen auf dem feuchten Sand oder tummeln sich über Pfaden und Wegen.

Zu den Schmetterlingen, in deren Färbung sich Schönheit und zugleich Bescheidenheit miteinander vereinen, gehören die hier verbreiteten Ordensbänder und Hainlinge und der große Regenbogenfalter. Nicht minder reizvoll sind die Nachtfalter. Durch seine Größe beeindruckt besonders Brahmea certhia. Bewundernswert schön ist der große »geschwänzte« Actias artemnis. Dieser Nachtfalter hat eine wunderbar zarte salatgrüne Färbung. Entdeckt man ihn zufällig am Tage, kann man den Blick einfach nicht von ihm wenden. Zum Lagerfeuer kommen nachts in Massen Schwärmer, Seidenspinner, Spanner und Eulen geflogen.

Ich habe Schmetterlinge gesehen, deren Flügel wie Dukatengold schimmerten, und unansehnliche Falter, die wie graue Flechten wirkten, weiße mit schwarzen Tüpfelchen. Die Färbung der Schillerfalter aber läßt sich überhaupt nicht beschreiben. Hier also, in dieser märchenhaften Tier- und Pflanzenwelt, hatte ich das Glück zu arbeiten.

Aber weder ich noch meine Helfer hätten ein Zehntel der geplanten Arbeit geschafft, hätten wir nicht bei den einheimischen Udehe-Jägern weitestgehendes Verständnis und uneigennützige Hilfe gefunden. Alle unterstützten uns. Wir gewannen echte Freunde, deren ständige Hilfe wir am meisten spürten. Allen diesen Menschen vom Bikin bin ich von Herzen dankbar.

Den Bikin aufwärts 1970

Meine Seele, mein kleines wildes Tier,
zwischen den Kulissen der Stadt
läufst du wie ein Hündchen mit
abgerissener Leine umher und winselst!

A. Wosnessenski

»Der Freund meines Freundes ist auch mein Freund«

Das kleine zwölfsitzige Flugzeug, das in Dalneretschensk gestartet war, flog eine scharfe Kurve über einer Sopka, einer Bergkuppe, und setzte dann zur Landung an. Mein Hund, eine Laika namens Tschuk, der bis zu diesem Zeitpunkt auf dem vibrierenden Boden im Halbschlaf gelegen hatte, stellte die Ohren auf und war auf einmal hellwach. Ein Stoß, noch einer, und schon flogen wir nicht mehr, sondern rollten über die staubige Wiese des Flugplatzes. Ich mußte unbedingt auf die andere Seite des Bikin, in die Siedlung Krasny Jar, doch das war nicht allzu schwierig. Zusammen mit mir waren Leute angekommen, die im Gegensatz zu mir erwartet und abgeholt wurden. Wir fanden alle in einem verblüffend langen und schmalen Boot Platz. Ein Zug an der Schnur, und der Motor heulte auf. Wenige Minuten später erblickte ich schon das Steilufer von Krasny Jar. Es war ein klarer Frühlingstag, der 23. April.

Krasny Jar ist, wenn man den Bikin von der Mündung aus aufwärts fährt, die letzte verhältnismäßig große Siedlung. Sie wurde erst vor kurzem gegründet, auf den Straßen sind zwischen den Häusern noch bald hier, bald dort riesige Stubben zu sehen. Einige bereits gerodete liegen in unordentlichen Haufen da.

In Krasny Jar leben vorwiegend Udehe-Jäger. Sie sind vom ganzen Bikin hierher gezogen und haben sich ihre eigene Udehe-Siedlung geschaffen. Es gibt hier eine Post, eine Schule, ein Krankenhaus, einen großen Klub, eine Industriewaren- und eine Lebensmittelverkaufsstelle. Hier sitzt auch die Leitung der Jagdgenossenschaft. Auf den Straßen sieht man nur wenige Erwachsene, dafür jedoch ganze Scharen brünetter, lebhafter und ungemein sympathischer Kinder, die mich jetzt höchst interessiert betrachten (habe ich doch einen Bart, ich führe einen Hund an der Leine und trage einen riesigen Rucksack) und dabei nicht die geringste Furcht zeigen. Das nimmt mich für sie ein.

Ich muß das Haus des Udehe Nikolai-Pokula Kantschuga aufsuchen, denn ich habe einen an ihn gerichteten Brief des Heimatkundlers Boris Schibnew bei mir, der die freundschaftliche Bitte enthält, mich bei meiner Arbeit zu unterstützen. Und ich weiß, daß Nikolai einer der besten Jäger von Jar ist. Ich gehe am Büro der Jagdgenossenschaft vorbei und werfe einen Blick auf die Ehrentafel, von der die Gesichter von einem Dutzend Männer herunterblicken. Sehr ruhige und von sich überzeugte Männer. Das zweite Foto zeigt, wie aus der Unterschrift hervorgeht, Nikolai Kantschuga.

Als ich bemerke, daß sich mir ein Mann mittleren Alters nähert, der allen auf der Tafel abgebildeten Leuten irgendwie ähnelt, grüße ich und frage, ob er mir nicht das Haus zeigen könne, in dem Nikolai-Pokula wohnt. Schweigen wir über mein Unvermögen, menschliche Gesichter zu unterscheiden – es war nämlich Nikolai-Pokula persönlich. Er nahm den Brief entgegen, sah nur flüchtig hin, von wem er war, und führte mich in sein Haus.

Da befinde ich mich also im »Wigwam« eines Udehe von heute. Kinder gibt es hier – nach unseren städtischen Vorstellungen – sehr viele, etwa fünf oder sechs, und das scheinen noch nicht alle zu sein. Der »Wigwam« ist ein gemütliches Blockhaus, aus jahrhundertealten Stämmen erbaut und innen verputzt. Ich sitze im Gäste- oder Empfangszimmer, von hier aus ist die angelehnte Küchentür zu sehen. Eine weitere Tür führt in ein anderes großes Zimmer, und von dort gelangt man wohl noch in einen weiteren Raum. Naiv, wie ich bin, suche ich nach auf dem gestrichenen Fußboden ausgebreiteten Bärenfellen, aber mein Blick bleibt unwillkürlich an einer Waschmaschine hängen. Ein Schrank mit einem Spiegel, noch ein Schrank, ein Diwan, ein Regal mit Büchern und Zeitschriften. An der Wand Bilder, gerahmte Fotos. Und kein einziges Gewehr!

Pokula sitzt am Tisch und liest aufmerksam die von mir überbrachte Botschaft. Das also ist dieser Udehe-Jäger! Von Schibnew kenne ich bereits seine Kurzbiographie. Er ist am Bikin geboren; als er erwachsen war, ging er zur Armee, war dort Kundschafter. Er kam in Gefangenschaft, wurde zum Tode verurteilt. Ein japanischer Offizier schlug ihm mit dem Säbel über den Kopf. Doch der Kundschafter überlistete ihn, ließ sich fallen und stellte sich tot. Selbst als sein Henker sich davon überzeugen wollte, ob er wirklich tot sei, und ihn mit dem Säbel in die Seite stach, zuckte Pokula nicht. In der Nacht kroch er aus dem Graben, in den man alle tagsüber Hingerichteten geworfen hatte, mit auf dem Rücken gefesselten Händen über die Leichen der anderen hinweg ins Schilf und lag dort mehrere Tage lang. Trotz einer tiefen Halswunde schlug er sich doch zu seinen Leuten durch. Er erhielt eine Auszeichnung. Aber den Orden trägt er an seinem Jackett nur an den höchsten Feiertagen...

Ich muß Pokula immer wieder ansehen. Er aber liest immer noch den kurzen Brief und bewegt eifrig die Lippen dabei. Ich starre in sein braungebranntes, etwas faltiges Gesicht. In den schrägen, leicht blinzelnden Augen scheint sich ein Lächeln zu verbergen. Das glatte Haar wird schon grau. Ja, und da ist auch sie, diese Narbe, eine schreckliche, imponierende Narbe, fast völlig vom Haar verdeckt... Doch nun hat Pokula zu Ende gelesen, und er hebt den Kopf. Auf seinem Gesicht zeigt sich ein breites Lächeln.

»Na schön«, meint er, »da wirst du also deinen Uhu suchen. Ich helfe dir dabei.« Und setzt mit strahlendem Gesicht hinzu: »Der Freund meines Freundes ist auch mein Freund!«

Zwei Tage in Krasny Jar

Den ganzen Abend sprachen Pokula und ich über den Riesenfischuhu. Ich bemühte mich, soviel wie möglich von ihm zu erfragen. Mich interessierte das Verhalten dieses Vogels, und ich brachte in Erfahrung, wo er vorkommt. Anfangs fürchtete ich, daß mein Gesprächspartner den Fischuhu mit dem gewöhnlichen Uhu verwechselte; darum stellte ich eine ganze Reihe von einander ausschließenden Kontrollfragen und konnte mich mit Befriedigung davon überzeugen, daß es um keine andere Eule, sondern eben um den Fischuhu ging. Nicht jeder Zoologe nämlich kann in der Natur den Fischuhu vom gewöhnlichen Uhu unterscheiden! Pokula aber erklärte mir nach meinen unangebrachten Fragen geduldig, worin sich die beiden Vögel unterscheiden. Der eine lebt am Wasser und kommt in der Taiga nicht vor, der andere dagegen, man nennt ihn hier Pugatsch (vom russ. pugatj = jemandem Angst machen), lebt nur im Walde und auf den Mari.* Und auch ihr Ruf ist verschieden.

Von uns unbemerkt hatten sich noch andere Leute im Haus eingefunden. Jäger aus dem Dorf und Verwandte vom »Onkel Kolja«, wie Pokula hier von vielen ehrerbietig genannt wurde. Die Leute wollten wissen, wer ich wohl sei. Sie wunderten sich zwar über den Zweck meines Kommens, schalteten sich aber sogleich aktiv in die Unterhaltung ein. Jeder dachte angestrengt nach, wo und wann er zum letzten Male einen Riesenfischuhu gesehen hatte. Ich bemühte mich, mir einiges einzuprägen, anderes notierte ich mir. Im Endergebnis war ich spät abends überzeugt, daß es an den Ufern des Bikin oberhalb von Krasny Jar nur so von diesen Vögeln wimmeln müsse. Mir brummte der Kopf von den hier üblichen Bezeichnungen für irgendwelche Örtlichkeiten und Quellbäche. Es wurde auch gemeinsam beschlossen, daß mich Onkel Kolja selbst zum Oberlauf des Flusses führen sollte, da er besser als alle anderen die gesuchten Plätze kannte. Man brauchte Pokula nicht lange zuzureden. Mir schien sogar, er sei froh, einen Vorwand zu haben, um seinen Bikin wieder einmal zu besuchen. Es wurde festgelegt, daß wir am übernächsten Tag frühmorgens losfahren sollten.

---

* Mar (Mz. Mari), ein für Ostsibirien und den Fernen Osten der UdSSR charakteristischer eigenartiger Landschaftstyp; seine in der warmen Jahreszeit versumpfte, höckerige Oberfläche ist mit Gras und Moosen bewachsen und meist mit niedrigen, verkrüppelten Lärchen bestanden (*Anm. d. Red.*).

Der nächste Tag war den Vorbereitungen gewidmet, das heißt, vorzubereiten hatte ich eigentlich gar nichts. Für den Einkauf von Lebensmitteln brauchte ich nicht einmal eine Stunde. Alle meine Sachen blieben im Rucksack verpackt, das »Köfferchen« mit der Optik war bereits vorher in einen festen Plastsack eingeschweißt worden. Tschuk aber konnte zu jedem beliebigen Zeitpunkt aufbrechen.

Den ganzen bis zum Aufbruch verbleibenden Tag schlenderte ich in der Siedlung umher. Ständig stellte mir Pokula jemand anderen vor. An diesem Tag sammelte ich eine Unmenge von »Zeugenaussagen« über die verschiedensten Vögel und kriegte sogar einige von diesen selbst zu Gesicht.

Unmittelbar neben der Verkaufsstelle balzte eine Gebirgsstelze. Dieser kleine langschwänzige Vogel ist der Schafstelze sehr ähnlich, die man überall bei uns auf Wiesen beobachten kann. Die Gebirgsstelze ist jedoch sehr viel zarter gefärbt. Das aufgeregte Männchen fand an zwei noch unbelaubten Ulmen Gefallen, zwischen denen ein Abstand von etwa fünfzehn Metern lag. Mit fröhlichem, hellem Gezwitscher flog es zwischen den Bäumen hin und her, flatterte dabei intensiv mit den Flügeln, verrenkte im Flug Kopf und Schwanz und krümmte den Rücken. Die in ihrem Erscheinungsbild sonst so ungemein elegante Gebirgsstelze kam einem bei ihrer Balz beinahe mißgestaltet vor. Das Weibchen hingegen drehte recht befriedigt den Kopf hin und her und verfolgte die Pirouetten des Partners, wobei es unablässig mit dem Schwanz wippte.

Hier in der Siedlung fand ich am Ufer auch die ersten beiden Nester in dieser Saison. Eins gehörte Ostasiatischen Grünfinken. Die Vögel bauten noch am Nest; das Weibchen trug laufend allerhand Kleinzeug auf einen dichten Zirbelkiefernast, das Männchen flog ein Lied zwitschernd hinterher. Das zweite Nest war von einem Gänsesäger, einem ziemlich großen, in Baumhöhlen brütenden Entenvogel. Ich beobachtete bereits aus großer Entfernung, wie das Weibchen in einem Loch in einer alten, unmittelbar neben den Häusern stehenden Ulme verschwand. Was sich in der Höhlung befand, weiß ich nicht: Mitten in der Ortschaft auf einen

Baum zu klettern, fand ich irgendwie ungehörig, und außerdem fürchtete ich, das Interesse der allgegenwärtigen Jungens auf dieses Nest zu lenken. (Wie ich später erkannte, war diese Befürchtung völlig unbegründet – Udehe-Kinder schützen eifersüchtig die ihnen bekannten Vogelnester.)

Nunmehr ist aber dies alles – Verkaufsstellen, Befragungen – schon Vergangenheit. Die Nacht war vorüber, der Tag des Aufbruchs in die Taiga gekommen. Endlich konnte ich den »Straßenanzug« mit dem »Machorka-Smoking«, das heißt der Segeltuchkleidung, vertauschen, die gegen Regen, Dornengestrüpp und Mücken schützt.

Beim Beladen des Bootes halfen alle mit – Bekannte und Unbekannte. Einer trug den Motor, ein anderer die Stangen. Den schweren »Koffer« mit der Optik trug ungeachtet meines Protestes Ruslan, Pokulas Sohn. Pokulas Frau Pascha trug das Bettzeug – Felle vom Bären und Isubrahirsch. Alle waren mit Ernst und Eifer bei der Sache. Keine Scherze, keine Abschiedsreden. Eingeprägt hat sich mir auch die letzte Minute: Das reißende Wasser zerrt schon an dem Boot, auf dem Steilufer aber stehen wie Statuen, große und kleine, die Leute, die am Bikin aufgewachsen sind. Sie werden kleiner und kleiner. Der Ausdruck ihrer Gesichter ist konzentriert, aufmerksam. Keiner winkt, keiner rührt sich vom Fleck. So blieben sie dort stehen auf dem hohen Ufer, bis unser Boot hinter der Flußbiegung war und der Steilhang mit den Leuten dem Blick entschwand.

Fahrweg Bikin

Wir fahren bereits vier Stunden. Monoton knattert der Motor. Wegen des Lärms kann man sich kaum unterhalten, wir tauschen nur kurze Bemerkungen und Worte aus. Pokula, der am Ruder sitzt, ist ruhig wie immer. Wegen des Gegenwindes, des blendenden Wassers und weil er unablässig in die Ferne sieht, kneift er die Augen zusammen, und sie wirken so noch schmaler als gewöhnlich. Im übrigen aber ist er derselbe wie vor einigen Stunden in Krasny Jar.

Vollkommen anders sehen ich und Tschuk aus. Unbewußt halte ich mich ständig an der Bootswand fest. Der Motor läßt sie vibrieren, und dieses Vibrieren teilt sich dem ganzen Körper mit. Das macht müde. Ich beobachte mich selbst und versuche, allerdings erfolglos, ein Aussehen anzunehmen, als sei das alles nichts Neues für mich. Tschuk sind solche Bemühungen unverständlich. Er hat die gute Hälfte seiner Jahre am Ufer verbracht, und nun benimmt er sich wie ein junges Hündchen, das sich vor Vergnügen nicht zu lassen weiß. Ihn interessiert einfach alles: die Bugwelle an der sich aufbäumenden Bootsspitze, vorbeitreibendes Bruchholz – eins knurrte er sogar an – und natürlich die voraus aufsteigenden Enten. Wird er ihrer ansichtig, ist er jedes Mal bereit, ins eisige Wasser zu springen. Er trampelt alle unsere Sachen schmutzig, bis er sich endgültig am Bug niederläßt.

Auch der Bikin ist die ganze Zeit in Bewegung. Bald fließt er träge in einem ungeheuer breiten Bett dahin, dann wieder teilt er sich und bildet rasch dahinschießende schmale Arme. Manchmal, wenn er gegen einen Felsen gedrängt wird, rebelliert er, wird er ernstlich böse und verspritzt weißen Schaum. An solchen Stellen wird es einem wirklich angst. In Gedanken habe ich mir schon einige Male das düstere Bild eines »Schiffsuntergangs« ausgemalt, wenn ich mich dann aber umdrehte und in das aufmerksame, ruhige Gesicht Pokulas sah, beruhigte ich mich sofort wieder. Mein Führer nahm wohl an, daß ich es vor lauter Neugier nicht mehr aushalte, und schrie, auf die vorbeigleitenden Kuppen blickend, irgendwelche mir unbekannten Namen. Ich nickte nur zustimmend.

Manchmal schien es mir, als fange der Motor an zu stottern. Aus Erzählungen wußte ich, wie das gewöhnlich endet, und sah bereits, wie unser armer schwacher Kahn, an Tempo verlierend, vom wilden, gierigen Bikin auf die Felsbrocken geschleudert und unter Treibholzansammlungen gezerrt wurde.

Als wir wieder einmal eine Stromschnelle überwunden hatten, wo sich der rasende Fluß zwischen herausragenden Steinen und daran verklemmten Bäumen buchstäblich bergab wälzte, erreichten wir endlich einen kilometerlangen ruhigen Flußabschnitt. Pokula drosselte den Motor, und das Boot stieß mit dem Bug in den Kies einer Landzunge.

»Der Motor ist müde, müssen Pause machen«, sagte Pokula. Ich war mindestens ebenso müde wie der Motor und froh, wieder festes Ufer zu betreten.

Auf der Landzunge erzählte mir Pokula eine interessante Geschichte über den Flußabschnitt, an dem wir haltgemacht hatten.

...Früher, als an Motoren überhaupt noch nicht zu denken war, fanden sich im Sommer die Udehe beinahe vom ganzen Bikin hier mit ihren Booten ein, die damals gestakt wurden. Sie trugen hier Wettkämpfe aus, die folgenden Sinn hatten: Braut und Bräutigam oder Mann und Frau setzten sich zusammen in ein kleines Boot, eine Art Einbaum, wie er noch heute von den Udehe verwendet wird, wenn sie Wassertieren nachstellen. Der Mann ruderte mit einer Art zweiblättrigem Faltbootpaddel, die Frau dagegen nähte aus gegerbten Hirsch- oder Rehhäuten Olotschi, Schuhwerk für Jäger. Bei den Männern siegte derjenige, der zuerst mit dem Boot am Ende des Flußabschnitts ankam, bei den Frauen diejenige, die die meisten Schuhe genäht hatte. Der Mann kämpfte um den Titel des besten Ruderers am Bikin, die Frau um den Titel »Beste Hausfrau«. Da der Mann auch am Erfolg seiner Begleiterin interessiert war, mußte er sein sportliches Temperament zügeln. Wenn jedoch das Boot als letztes ins Ziel kam, verlor die Frau das Recht auf den »Thron«, selbst wenn sie es in dieser Zeit geschafft hatte, eine Unmenge Schuhe zu nähen. Genauso verlor der Mann den Anspruch auf den Sieg, wenn seine Partnerin nicht behende genug war. Die Sieger wurden durch die ältesten Jäger bestimmt.

Während der Unterhaltung hatte Pokula Wasser zum Kochen gebracht und am Feuer die für unterwegs mitgenommenen Fladen aufgebacken.

Ich wollte Pokula bei dieser Fahrt sehr gern irgendwie unterstützen, gab mir die größte Mühe dabei. Doch irgendwie klappte es nie. Wollte ich das Boot ans Ufer ziehen, damit die Strömung es nicht abtrieb, machte ich das so, daß wir es danach kaum zu zweit wieder flott bekamen. Erbot ich mich, Brennholz für das Feuer heranzuschaffen, blieb ich ewig lange fort und brachte es fertig, ausgerechnet solches Holz zu bringen, das überhaupt nicht brennen wollte oder aber stark qualmte, oder es sprühte wie bengalisches Feuer und überschüttete uns mit glimmenden Kohlenstückchen. Pokula lachte über meine Bemühungen und sagte ein übers andere Mal: »Komischer Kauz!«

Trotz alledem gelangten wir gegen Abend wohlbehalten zu einer Winterhütte, die Pokula gehörte. Irgendwo hier in der Nähe also sollte der Riesenfischuhu hausen.

Die Winterhütte war ein Blockhaus. Im Inneren gab es Schlafbänke, einen Ofen und eine große Tischplatte unter dem einzigen Fenster. Hier verbringt Pokula den Winter und macht Jagd auf Zobel, sibirischen Nerz und Fischotter. Das ist sein Haupterwerb. Knochen und Haare, die umherlagen, und die Hundehütten, die an einigen Stellen neben dem Haus aufgestellt waren, zeugten davon, daß er erfolgreich auch größeres Wild jagt – Bär, Isubra und Wildschwein. An der Hauswand lehnte eine Narte. An dem Geschirr daneben konnte man erkennen, daß sie von Hunden gezogen wird. Während ich mich noch umsah, hatte Pokula bereits den Ofen geheizt, und schon zischte etwas darauf. Aus der Hütte drang ein phantastischer Duft – dort wurde wohl Bärenfleisch gebraten.

Essen bereitet Pokula unwahrscheinlich schnell und schmackhaft, Fleischgerichte mit gebratenen Zwiebeln und Soßen, gewürzt mit frischem wildem Knoblauch. Das ist für ihn ein normales Essen, für dessen Zubereitung er nur wenige Minuten braucht. Ich machte einmal eine Bemerkung ihm gegenüber, er sei ein richtiger Koch.

»Stimmt«, sagte er, »auch Koch, Zimmermann und Ofensetzer, alles in einem. Die Taiga lehrt einen alles.«

Für den Verzehr des Abendessens brauchten wir ebenso wenig Zeit wie für seine Zubereitung. Bereits eine halbe Stunde später lagen wir, auf Tierfelle gebettet, auf den Schlafbänken. Die gleichmäßigen Atemzüge Pokulas verrieten mir, daß er sofort eingeschlafen war. Tschuk, der sich auf dem Boden ausgestreckt hatte, war noch eher eingeschlafen. Ich aber fand keine Ruhe. Beim Einschlafen hatte Pokula erwähnt, man könne den Schrei des Fischuhus sogar in der Hütte hören, und so lauschte ich unwillkürlich die ganze Zeit den nächtlichen Lauten. Auch war ich nervlich etwas überdreht. Ich brauchte nur die Lider zu schließen, und schon wälzte sich vor meinen Augen strömendes Wasser hin und her, und es begann mir davon in meinem Kopf zu drehen. Ich lag mit offenen Augen da und versuchte herauszufinden, was mich unterwegs am meisten beeindruckt hatte. Plötzlich fiel es mir ein: ein Stau, den wir in der Abenddämmerung durchfahren hatten, eine meterhohe Auftürmung von gigantischen, zerschundenen Stämmen.

Gegen Morgen dämmerte ich etwas ein, doch verließ mich der Schlaf sofort, als Pokula ein Streichholz anriß, um einen Docht anzuzünden, der aus einer Konservenbüchse mit Bärenfett herausschaute.

Die Nachforschungen haben begonnen

Fast in seinem ganzen Verlauf fließt der Bikin nicht in einem, sondern in mehreren Betten. Diese Flußarme sind durch eine Unmenge von Wasserläufen miteinander verbunden, und dadurch ist das Tal des Bikin in unzählige große und kleine Inseln zergliedert. Auf eine dieser Inseln, abseits von den Hauptarmen und einige Kilometer von der Winterhütte entfernt, brachte mich Pokula. Hier hatte er vor Monatsfrist einen Riesenfischuhu gesehen, hier sollte ich bleiben, während Pokula in die Siedlung zurückkehren wollte.

»In einer Woche schaue ich bei dir vorbei, um nachzusehen, wie es dir geht. Wenn du deinen Uhu nicht findest, bringe ich dich an einen anderen Ort«, sagte der Udehe zum Abschied. Dabei klang das Wort »vorbeischauen« so, als ginge es nur kurz über die Straße und nicht um einige Dutzend Kilometer gefährlicher Wasserfahrt.

»Soll ich dir nicht doch ein Gewehr dalassen? Ohne Gewehr geht es in der Taiga nicht«, meinte er noch, als die Strömung bereits das Boot ergriffen hatte.

30 *Schon wenige Tage nach Eintreffen der Graustare sind alle Baumhöhlen von ihnen besetzt*

31 *Der Kleine Star, der etwas später als der Graustar am Bikin eintrifft, muß sich mit den wenigen noch frei gebliebenen Nisthöhlen begnügen, da diese nicht ausreichen, gibt es immer viel Lärm und Gezänk in den Starkolonien*

32 *In seinen Gewohnheiten unterscheidet sich der Rotschwanzwürger kaum von einem gewöhnlichen Neuntöter. Auch er läßt sich, sobald er einen Menschen bemerkt, möglichst sichtbar nieder, schnalzt herausfordernd und wippt mit dem Schwanz. In seinem Revier kann man häufig auf Zweige aufgespießte große Hummeln, Käfer und sogar Mäuse finden*

33 *Am Bikin liegen die Jagdgebiete der Udehe, hier und da stößt man auf ihre Jagdhütten*

34 *Das Ussurigebiet hat ungewöhnlich viele Gesichter. Man findet dort nicht nur schier endlose Taiga, sondern auch üppige Wiesen, wo aus dem dichten Gras Lilien wie Flammen emporzüngeln*

35 *Die längs der Altwasser sich hinziehenden Wiesen sind reich an Vögeln; besonders auffällig ist der Riesenschwirl, dessen munteres Lied man den ganzen Sommer über hört. Wie auf einem Xylophon hämmert das Männchen seine Strophen*

36 *An Wiesenrändern nistet in der Nähe von Tümpeln im Gebüsch der Weidenrohrsänger. Sein locker, irgendwie nachlässig gebautes Nest erinnert an das der Grasmücke*

37 *Besonders häufig auf den Wiesen ist der Streifenrohrsänger, oft nisten auf einem Hektar bis zu zehn Paare. Die Luft vibriert dann geradezu von ihrem ständigen Gesang*

38 *Dieses Moosnestchen mit den weißen Eiern gehört einem Blaßfußlaubsänger. Bis in jüngste Zeit hatte kein Ornithologe es je zu Gesicht bekommen*

39 *Der Blaßfußlaubsänger ist äußerlich schwer von den anderen Laubsängern zu unterscheiden, die das Primorje bewohnen. Zu erkennen ist er aber an seiner Stimme, einem »mechanisch« klingenden Triller, der etwas an das Zirpen von Grillen erinnert*

40 *Es dauerte sehr lange, bis ich das Nest des Goldhähnchenlaubsängers entdeckte. Es besteht vor allem aus Moos; auf einem warmen Polster aus Federn und Haaren liegen 5–7 Eier von je 0,9 g Gewicht. Während das Weibchen brütet, die Jungen hudert und füttert, singt das*
41 *Männchen den ganzen lieben Tag lang in den Kronen alter Bäume*

42 *Im Fichtendickicht fand ich unter anderem mehrere Nester des Gimpels. Die Brust der hier lebenden Gimpel ist nicht so kräftig rot gefärbt wie die ihrer europäischen Vettern, sondern eher rosarot*

32

31

30

35
37
38

36

3
4
4

42

43

44

45

46

47

3
9

43 In den Wäldern am Bikin brüten drei Arten von Maskenkernbeißern, hier der Kleine Maskenkernbeißer

44 Als ich einmal die Zweige einer Fichte auseinanderbog, stieß ich auf das Nest eines Meisengimpels, der im Primorje häufig auch in Ortschaften zu beobachten ist. Alte Männchen sind sehr schön himbeerrot gefärbt

45 Besonders zahlreich sind in der Bikin-Aue die Ammern vertreten, mindestens sieben Arten leben hier. Auf feuchten Bültenwiesen ist die
46 Halsbandammer häufig. Wo der Waldboden fast gänzlich mit immergrünen Schachtelhalmen bedeckt ist, kann man die Gelbkehlammer beobachten – die schönste Ammer

47 In einem Nest der Schwarzhalsammer fand sich im Gelege auch ein Kuckucksei. In Farbe und Zeichnung auf der Schale unterscheidet es sich kaum von den Ammereiern

48 Naturfreunde, die das Ussurigebiet besuchen, sind immer wieder besonders beeindruckt vom Ostroller, einem Verwandten der Blauracke. Im Frühjahr zieht der Vogel bisweilen eine »Show« ab – er »schraubt« sich demonstrativ in den Himmel

49 Im Einzugsgebiet des Bikin kann man bis heute noch zahlreiche Greifvögel beobachten. Wo die Taiga von Moossümpfen, Wiesen oder alten Kahlschlägen abgelöst wird, leben die Malaien-Wespenbussarde, unter denen man schwerlich zwei gleichgefärbte Exemplare finden kann. Die Farbe seines Gefieders schwankt zwischen hellbeige und dunkelbraun. Allen gemeinsam ist jedoch das dunkle Halsband

50 Im Vergleich zu allen anderen Habichten ist der Kleinsperber ein recht stimmgewaltiger Vogel. Im Nestrevier läßt er ständig seinen hellen Schrei hören

»Danke, nein. Ich hab doch den Hund!« rief ich zurück. Tschuk aber stand am Ufer und blickte fragend bald auf mich, bald auf das schnell entschwindende Boot.

Es ist Morgen, vor uns liegt noch der ganze Tag. Ich hätte große Lust, alles stehen- und liegenzulassen und loszustürmen, um die Insel zu erkunden. Ob sie groß ist? Selbst das habe ich vergessen, Pokula zu fragen. Ich muß jedoch dringend wenigstens ein einfaches Lager aufschlagen, das Zelt aufstellen und den Berg Ausrüstung am Ufer ordnen. Vielleicht sollte man ein Täßchen Tee trinken? Eine Minute schwanke ich, doch dann »reiße ich mich zusammen« und – lasse alles stehen und liegen, stürze fast im Laufschritt in den Wald. Tschuk rennt mir begeistert hinterdrein.

Die Insel war verhältnismäßig groß, beinahe einen Quadratkilometer. Auf der dem Bikin gegenüberliegenden Seite trat eine flache Hügelkuppe dicht heran. Am Fuß dieser Sopka strömte ein kleiner Wasserlauf langsam dahin, der die Insel vom »Festland« trennte. An vielen Stellen lagen abgestorbene Baumstämme wie Hängebrücken darüber. Am Hang der Sopka wuchsen prächtige hundertjährige Zirbelkiefern, die sich mit ihren roten knorrigen Wurzeln in den felsigen Grund krallten. An einer Stelle war die Steile von einer Einsattelung durchschnitten, durch die ein Bächlein ins Tal eilte. Hier gab es noch viel alten Schnee und Eis. An manchen Stellen rauschte das Wasser darunter hin, dann wieder trat es an die Oberfläche und höhlte alles von oben her aus.

Auf der Insel ist es wesentlich wärmer als am Fuß der Sopka. Keine Spur von Schnee mehr gibt es hier. Vereinzelt grünt wilder Knoblauch. Sträucher und Bäume sind noch kahl. Dadurch erscheint der Wald rundumher hell und licht. Doch von vergangenen Jahren her weiß ich, daß im Sommer hier undurchdringliches Dikkicht und Dämmer herrschen.

Auf den anderen Seiten ist die Insel von relativ breiten Wasserläufen umgeben, vom wilden, trüben Wasser des Bikin. Viel Wasser gibt es auch im Zentrum der Insel. Das sind halb ausgetrocknete Altwässer, bei Hochwasser überflutete Senken, Gräben, die sich auf Tierwechseln gebildet haben, und trichterförmige Wasserlöcher neben vom Wind entwurzelten Bäumen.

Bei der Erkundung der Insel achte ich unwillkürlich auf besonders mächtige Bäume. Um jeden einzelnen gehe ich herum und betrachte genau alle gefundenen Höhlungen. Unterschwellig hoffe ich, daß sich in einer von ihnen das Nest eines Fischuhus befindet. Warum rechne ich darauf, das Nest gerade in einer Baumhöhlung zu finden? Nun, erstens sind die meisten der mir aus der Fachliteratur bekannten Fischeulen höhlenbrütend. Sie nisten in den verschiedensten Nischen oder Höhlungen. Daß der Fischuhu wie ein gewöhnlicher Walduhu auf dem Boden brüten sollte, ist schwer vorstellbar. Die Wälder, in denen der Fischuhu lebt (davon konnte ich mich später überzeugen), werden mehrmals im Jahr überflutet. Ein Vogel mit langer Nistzeit, wie sie ja für alle großen Eulen charakteristisch ist, hat es unter solchen Bedingungen nicht leicht, seine Jungen groß zu kriegen. Hier sind sogar die meisten heimischen Enten – Mandarinente, Gänsesäger und Schuppensäger – höhlenbrütend. Daß der Riesenfischuhu seine Jungen in einer Baumhöhle aufzieht, versicherten mir auch die alten Männer unter den Udehe, insbesondere ein Verwandter Pokulas, Großvater Lenkui, dessen Vater einmal Junge des Riesenfischuhus gefunden haben sollte. Doch meine erste Rekognoszierung der Insel zeitigte keine vielversprechenden Ergebnisse. Starke Ulmen und Pappeln mit Höhlungen gab es nur wenige. Immerhin, es gab welche!

Ein Tag im Primorje vergeht gewöhnlich nicht, nein, er verfliegt. Die Dämmerung tritt hier nicht langsam ein, sondern fällt buchstäblich herab wie der Vorhang im Theater. Ich schaffte es gerade noch, das Zelt irgendwie aufzustellen, warf meine gesamten Habseligkeiten ungeordnet hinein und sorgte nicht einmal für Brennholz. Urplötzlich wurde aus dem grauen Wald ein schwarzer. Erst jetzt wurde mir so richtig bewußt, daß ich allein in der Taiga zurückgeblieben war. Freilich, Tschuk saß neben mir. Und trotzdem war mir unbehaglich zumute. Na ja, ich würde mich schon noch an alles gewöhnen. Das war nur am Anfang so, nach dem Winter, den ich unter so vielen Menschen in der Stadt verbracht hatte, sagte ich mir und schaute mit weitgeöffneten Augen in die Dunkelheit. Schade, daß mein Hund schwarz war und nicht weiß, dann würde ich ihn wahrscheinlich noch erkennen können.

Ich hatte einige Zigaretten geraucht, der kleine Leuchtzeiger meiner Uhr kroch auf die Zwölf zu. Allmählich dämmerte ich ein, als ein unbegreiflicher Laut mich wie ein elektrischer Schlag lähmte. Ich blieb unbeweglich sitzen und versuchte herauszubekommen, woher er kam. Ich hatte noch immer nichts begriffen, als der Laut sich wiederholte. Ja, das war doch ein Riesenfischuhu, der da rief! Nun war an Schlaf nicht mehr zu denken. Alles an mir war augenblicklich hellwach. Von der Sopka aber klang immer wieder das langgezogene und tiefe »Uiuiuiguiuiuiuiui, uiuiui-guiuiuiuiui« herüber...

Der Fischuhu rief wohl schon an die zehn Minuten, ich aber saß immer noch reglos da und lauschte. Mein Herz schlug schneller. »Ich finde dich, ich finde dich, ich finde dich«, versicherte ich mir im Takt des Herzschlags.

Irgendwie wurde ich dann aber doch meiner Herr, und ich erhob mich. Ich mußte etwas tun. Aber was? Ja, natürlich, ich mußte so genau wie möglich die Richtung bestimmen, aus der die Rufe kamen. Ich legte also unverzüglich einen Stock neben dem Zelt auf den Erdboden. Einige Minuten brauchte ich, bis ich ihm die notwendige Richtung gegeben hatte. Der Riesenfischuhu aber heulte und heulte. Dann kam er, wie es schien, näher heran. Ich hörte ihn gut. Alle anderen nächtlichen Laute existierten für mich nicht mehr. Meine Sinne wählten, von meinem Willen unabhängig, aus allem nur einen Laut heraus – die Stimme dieses Vogels. Sollte es mir tatsächlich gelingen, ihn zu Gesicht zu bekommen oder gar sein Nest zu finden?

Vor allem mußte die Stelle genauer bestimmt werden, wo der Vogel sich jetzt befand, und dann mußte ich mich vorsichtig so nahe wie möglich heranpirschen. Ich tat einen Schritt, und schon hatte mich der dunkle Wald verschlungen.

Wie ein Jäger, der sich an einen balzenden Auerhahn anschleicht, ging ich auf den Gesang des Fischuhus zu. Wenn der Vogel verstummte, verharrte ich auf der Stelle und wartete, bis er wieder rief. Ich hatte wohl schon vierhundert Meter zurückgelegt, da ertönte nach einer kurzen Pause die Stimme des Riesenfischuhus direkt neben mir. Der Vogel war also näher gekommen. Jetzt klang der Ruf schon nicht mehr wie ein Heulen, sondern wie eine deutliche Aneinanderreihung der Silben »Uiuiui-chuiui-guiuiuiuiui...« Es war eine laute Baßstimme. Kaum hundert Meter trennten mich jetzt noch von dem Uhu. Weitergehen durfte ich nicht, ich würde ihn erschrecken. In der Dunkelheit entdeckte ich einen umgestürzten Baum und setzte mich leise darauf. Noch viermal stieß der Fischuhu sein »Uiuiui-chuiui-guiuiuiuiui« aus, dann wurde alles still. Nur mein Herz klopfte immer noch dumpf.

Mindestens eine Stunde war vergangen. Unterschiedliche Laute erfüllten wieder die Taiga. Unter dem Stamm, auf dem ich saß, raschelte eine Maus. Auf der Sopka stürzte ein Baum um und rollte mit Getöse abwärts. Vielleicht war er gar nicht von selbst umgestürzt? Am dunklen Himmel riefen bald hier, bald da ziehende Weißbrauendrosseln. Einige Male war der pfeifende Flügelschlag vorbeifliegender Enten zu hören. Nur der Ruf des Riesenfischuhus war verstummt.

Zum Rastplatz zurückzukehren war sinnlos: Ich würde ihn sowieso nicht finden. Ich fände dann nur diesen Platz nicht wieder, wo unmittelbar neben mir der Fischuhu gerufen hatte. Darum setzte ich mich bequemer, zog den Kopf ein, schloß am Hals den engen Kragen der Windjacke und erwartete so das Morgengrauen. Einzuschlummern gelang mir nicht. Die durchlebte Erregung und die Kälte vertrieben den Schlaf.

Gegen Morgen war ich tüchtig durchfroren und müde. Mit dem ersten Licht begab ich mich zum Rastplatz, wobei ich genau auf den Weg achtete, und freute mich sehr, als ich zwischen den Bäumen hindurch das gestreifte Dach meines Zeltes erspähte. Der am Eingang angebundene Hund blickte in meine Richtung und wedelte zufrieden mit der Rute. Ich erzählte ihm nicht einmal, was ich in der Nacht alles gehört hatte, wohin ich gegangen war und warum, sondern kroch hungrig, aber glücklich in den Schlafsack und schlief augenblicklich ein. Nun war ich nicht mehr allein auf der Insel. Bei mir waren Tschuk und die Riesenfischuhus.

Gegen Mittag aber fiel Regen, mit Schnee vermischt.

Überschwemmung

Dritter Mai. Der leichte, aber anhaltende Regen dauert schon eine Woche. Der Bikin ist trüber als gewöhnlich und angeschwollen. Ich lebe nach wie vor auf der Insel, und obwohl ich immer noch nachts wach bin und in die Taiga hinaus lausche, suche ich hier nicht mehr nach dem Fischuhu. Schon habe ich jeden Baum und jede Höhlung auf der Insel abgesucht. Er lebt hier nicht, er kommt nur zur Nahrungssuche hierher. Ich habe den Platz ermittelt, wo er sich ausruht. Unter einer alten Ulme fand ich auf dem Waldboden einige Gewölle – Klumpen nicht verdauter Gräten, die der Vogel in regelmäßigen Abständen auswürgt. Als das Regenwasser jedoch alle Wasserläufe der Insel zum Überlaufen brachte, ließ sich der Fischuhu überhaupt nicht mehr blicken.

Einige Male hörte ich seine Stimme von anderen Inseln herüberdringen. Aber ich hatte kein Boot, und die gegenüberliegenden Ufer waren für mich unerreichbar. Jetzt konnte ich nicht einmal mehr auf die Sopka, denn die Baumstämme, die einmal sichere Brücken abgegeben hatten, waren vom Wasser überflutet. Alle Wasserläufe, sogar die kleinsten, hatten sich in reißende Flüsse verwandelt. Und es gab noch eine weitere Unannehmlichkeit: Ich hatte darauf gerechnet, daß Pokula nach Ablauf einer Woche kommen würde, und den Hauptteil meiner Lebensmittel in seiner Hütte zurückgelassen. Seit gestern mußte ich nun zu einer strengen Rationierung meiner Nahrungsmittel übergehen. Am schlimmsten war das für Tschuk: Er verstand ja nicht, wofür er leiden mußte. Außerdem war er kein Freund von wildem Knoblauch, ich dagegen mag diesen. Genau wie Zigaretten betäubt er das Hungergefühl.

Bereits am zweiten Tag des Aufenthalts auf der Insel hatte ich wenige Meter vom Zelt entfernt, am Hang eines Seitenarmes, nestbauende Maskenammern entdeckt. Die Maskenammer ist einer der verbreitetsten Vögel des Primorje, den man überall antreffen kann – im Wald, an Flußufern und in Siedlungen. Die Vertrautheit der Ammern nahm mich sofort für sie ein, und da sie meine nächsten Nachbarn waren, beobachtete ich eifrig ihr Treiben.

Anfangs beschäftigte sich nur das Männchen mit dem Nestbau. Ständig hüpfte es emsig auf dem Erdboden herum, um Nistmaterial zu sammeln. Besonders aktiv war der Vogel morgens, von acht bis neun Uhr. In dieser Zeit trug er buchstäblich jede Minute dürre Halme zum Bauplatz des Nestes. Gewöhnlich sammelte er herumliegende Gräser, selten riß er Stengel von der Grasnarbe ab. Das von ihm herbeigebrachte Material war äußerst grob und taugte nur für das Gerüst des Nestnapfes. Das Weibchen hüpfte währenddessen sorglos umher. Als jedoch der Bau der Außenschicht des Nestes beendet war, kam die Reihe an das Weibchen. Es war verantwortlich für die Auspolsterung des Nestes und mußte die »Feinarbeit« besorgen. Hatte es ein dünnes Würzelchen, eine Wildschweinborste oder ein Haar vom Isubrahirsch gefunden, flocht sie diese von innen in das Nest ein. Vier Tage dauerte der Nestbau. Dann erschienen darin nacheinander im Abstand von vierundzwanzig Stunden drei weißliche Eier mit großen braunen Flecken. Heute morgen nun hatte ich entdeckt, daß über Nacht das steigende Wasser das Nest überflutet hatte. Ich versuchte, das durchnäßte Gebilde zu retten, und legte es ein Stückchen höher ans Ufer. Aber die Ammern warnten aufgeregt, flogen davon, und ich habe sie nicht wiedergesehen.

Und immer noch nieselt und nieselt es. Und der Bikin steigt und steigt...

Mein Leben auf der Insel war aber nicht so eintönig, wie es dem Außenstehenden vielleicht scheinen mag. Mehrere Tage hintereinander besuchten trotz des schlechten Wetters meinen Lagerplatz zwei kleine Tannenmeisen, die auch irgendwo ihr Nest bauten. Zum Lager kamen sie, um Baumaterial zu holen. Dieses Paar interessierte sich vor allem für Tschuk, da er zu dieser Zeit haarte und die Wolle in Büscheln an ihm hing. Sowie er sich irgendwo niederlegte und einschlief, schwebte sofort einer der Vögel, wie ein Kolibri mit den Flügeln schwirrend, über seinen Rücken. Manchmal gelang es der Tannenmeise, ein Büschel Haare aus dem Fell zu zupfen. Tschuk erwachte dann sofort und sprang wie besessen auf, um den Spitzbuben zu packen. Ich schimpfte Tschuk dafür aus. Er war beleidigt, ließ die Rute hängen, und die Meise drehte verwirrt den Kopf, setzte sich auf den nächsten Busch und begann warnend zu rufen. Um das Ehrgefühl meines Freundes nicht zu verletzen, trennte ich meinen Schlafsack auf, zog einen ordentlichen Bausch Watte heraus und hängte ihn an einen Baum. Mein Opfer versetzte die Tannenmeisen in Begeisterung. Aber nun hatte ich sie schon zwei Tage nicht mehr gesehen. Nur der Bikin rauschte bedrohlich laut und lauter...

Vor zwei Tagen mußte ich mein Zelt an einen neuen Platz stellen. Wenn mir früher die Insel relativ groß vorgekommen war, so schien sie jetzt auf einer Handfläche Platz zu haben. Trocken geblieben war nur ein Abschnitt von höchstens zwanzig Meter Durchmesser. An Lebensmitteln hatte ich noch Salz, etwas Tee und ungefähr dreihundert Gramm Reis. Immer prüfender und immer öfter betrachte ich mir eine riesige Pappel, genauer gesagt, eine Astgabel in zwei Meter Höhe über dem Wasser. Der Platz scheint sicher zu sein.

Rundherum aber geht etwas Seltenes vor sich. Der Regen wird immer wieder von Schnee abgelöst. Überall trübes Wasser. Blauen Himmel habe ich schon zwei Wochen nicht gesehen. Eine Rabenkrähe aber hat sich auf die Spitze der Pappel gesetzt und preist den Frühling mit ihrem Balzgesang! Allerdings klingt die Stimme heiser, wie erkältet. Der Vogel stößt in rhythmischer Folge bis zu fünfzehnmal hintereinander so etwas wie die Silben »Utka-a-a« aus. Periodisch geht dieser Gesang in gewöhnliches Krächzen über, aber dann scheint sich die Krähe eines besseren zu besinnen und fängt wieder an zu singen. Vor Eifer oder Anstrengung wippt sie beim letzten Ton des Liedes mit dem Schwanz. Die Flügel bleiben dabei immer fest an den Körper gedrückt. Ich muß an unsere europäischen Krähen denken. Sie sehen genauso aus, nur ist ihr Körper grau, und beim Singen heben und senken sie im Rhythmus die Flügel, als wollten sie sich in ihre grauen Seiten puffen. Ich schaue auf den munteren Vogel und freue mich. Meine Stimmung wird sofort besser. Aber Pokula holt mich noch immer nicht.

Heute stürzte der Baum um, auf den ich so große Hoffnungen gesetzt hatte. Es heißt, Bäume sterben im Stehen. Aber das ist nicht ganz richtig. Stehend sterben nur jene, denen ein ruhiges Leben beschert war. Ich sah, wie mein Baum stürzte. Er war noch voller Kraft, aber das Wasser hatte seine Wurzeln unterspült. Als dumpfer Donnerschlag hallte sein Fall ins Wasser, es klang wie ein Kanonenschuß, der als Echo von den Bergen zurückkam. Der mächtige Bikin kam gerührt ins Schwanken. Das Wasser packte die Krone, wirbelte den Baum wie im Spiel am Ufer entlang und zog ihn dann abwärts.

In dieser Nacht schlief ich unruhig. Im Zelt liegend, hörte ich ganz dicht neben mir den Fluß glucksen und machte mir immerzu Gedanken darüber, ob das Wasser auch meine letzte Bleibe überfluten würde. Einige Male schlich ich in der Dunkelheit nach draußen und musterte im Licht der Taschenlampe den am Abend zuvor am Rand des Wassers in die Erde gesteckten Stock. Das Wasser kroch, wenn auch langsam, weiter nach oben. Aber heute war schon der 11. Mai. Ich hatte immerhin bisher wohlbehalten fast vierzehn Tage auf dieser Insel verbracht.

Am nächsten Morgen erwachte ich davon, daß Tschuk am Zelteingang scharrte und nach draußen wollte. Ich hörte Leute sprechen und sah nach draußen. Am Ufer legte mit gedrosseltem Motor Pokula an. Im Boot war außer ihm noch jemand. Ich vernahm die Stimme seiner Frau:

»Oje, da sitzt er wie ein Hase auf dieser winzigen Insel!«

»Ich wurde ein wenig aufgehalten«, brummte Pokula statt einer Begrüßung. »Da hat ja einer Pech gehabt. Am Stau haben wir nur Bretter von seinem Boot und ein Faß Benzin gefunden. Haben ein paar Tage gesucht, aber wie soll man ihn da finden... Und wie steht's bei dir? Nichts? Na gut, da fahren wir eben weiter. Nicht weit von hier, bei der Baracke an der Lesnucha, hat mein Schwager Semjon Kantschuga dieser Tage gleich zwei Fischuhus gesehen. In seinem Haus kannst du wenigstens deine Sachen trocknen. Und die Flußarme sind dort schmaler, da kommst du leichter drüber.«

Ich glaube, Tschuk freute sich mehr als ich über die Ankunft der Leute. Zumindest verbarg er seine Gefühle nicht und leckte Pokula, als der sich über das Feuer beugte, das Gesicht.

»Tää«, rief die Frau des Jägers in scharfem Ton. Mit diesem

Laut pflegen die Udehe ihre Hunde zur Ordnung zu rufen. Tschuk verstand kein Wort Udehisch und war ihr deshalb nicht böse.

Die Spur verliert sich am Bikin

Die Baracke an der Lesnucha erschien mir nach dem Zelt wie ein Palast. Kein Wunder – richtige Wände, ein richtiges Dach, ein richtiger Ofen, der sofort um sich herum unerträgliche Wärme verbreitete. Auch Tschuk gefiel das Haus.

In dieser Baracke lebte ich über einen halben Monat, und alle diese Tage herrschte herrliches, sonniges Frühlingswetter. Dies hatten wahrscheinlich die Rabenkrähen herbeigeschrien, die im Regen gebalzt hatten. Da der Bikin keinen Zufluß an Wasser mehr erhielt, sank sein Wasserspiegel, beruhigte sich, wurde sauber und klar. Ich fühlte mich wie bei einer Badekur. Nachts suchte ich den Riesenfischuhu. Auch am Tage arbeitete ich viel, ich führte Zählungen der Tagvögel durch, spürte ihre Nester auf, beobachtete das Verhalten der Altvögel, verfolgte Wachstum und Entwicklung der Jungen. Viel Zeit erforderte auch die »Jagd« mit dem Tonbandgerät. Die aufgenommenen Stimmen spielte ich sofort wieder ab, um zu sehen, wie die Vögel darauf reagierten, und dechiffrierte so den Sinn des »Vogelgesprächs«. Alles in allem also genug Arbeit.

Bereits die zweite Nacht, die ich in der Baracke an der Lesnucha verbrachte, ließ mich hoffen. Obwohl es mir noch nicht gelungen war, einen Riesenfischuhu zu Gesicht zu kriegen, verrieten mir nächtliche Rufe, daß es hier zumindest ein Paar gab. Zwei Vögel im Frühjahr an ein und demselben Ort, das bedeutete, irgendwo in der Nähe befand sich ihr Nest. Ich war fast rund um die Uhr auf den Beinen. Die Nächte kamen mir kurz vor, aber auch die Tage reichten nicht; ich konnte täglich nicht mehr als zwei bis drei Stunden für Schlaf opfern, denn neben allen anderen Tätigkeiten mußte ich ja tagsüber auch alle jene Plätze absuchen, die mir nachts »verdächtig« erschienen waren.

Der Frühling hatte es eilig am Bikin. Schon grünten die asiatische Traubenkirsche und die Chosenie. Wie biegsame Pfeile durchstießen die Mandschurischen Maiglöckchen die Waldstreu. Der Gesang der Vögel wurde lauter, viele hatten nicht nur schon ihre Nester, sondern auch Jungvögel darin. Und auch um die mußte ich mich kümmern. So kam es, daß ich nachts den Fischuhus, gleichzeitig aber noch anderen Eulen lauschte und nach Sonnenaufgang den Tagvögeln hinterherjagte.

Natürlich zehrte so ein Leben unwahrscheinlich an den Kräften. Ständig hat man das Gefühl, man komme irgendwo zu spät. Man stiehlt sich die Zeit für die Aufzeichnungen der Beobachtungen – das war Teil meiner Arbeit. Alles, was nicht unmittelbar dazu gehörte, erledigte ich so nebenbei. Zum Beispiel heute: Ich hatte bemerkt, daß mir das Haar unverzeihlich lang geworden war, daß es an meiner schweißfeuchten Stirn klebte und mich störte, wenn ich durch das Fernglas sah. Also schnitt ich es kurzerhand, gleich im Wald, im Stehen, ohne mich dazu hinzusetzen, einfach mit dem Messer ab. Eine Minute später hob ich das Glas wieder an die Augen – da erblicke ich doch plötzlich das erste Mal in meinem Leben mit eigenen Augen einen Riesenfischuhu!

Der Vogel sitzt ruhig auf einem umgestürzten, bemoosten Eschenstamm im hellen Schatten einer grünenden Traubenkirsche. Etwa hundert Meter trennen mich von ihm. Bereits gestern nacht, als die Dämmerung sich gerade andeutete, hatte ich ihn an dieser Stelle rufen hören. Er saß jetzt reglos da, und zwar so, daß ich ihn im Profil sah.

Zuerst hatte ich ihn sogar für ein Stück Stamm gehalten. Der Vogel hatte den Kopf eingezogen, es sah aus, als schliefe er. Die Augen schienen geschlossen zu sein. Da fiel auf die Stelle, wo der Uhu sich ausruhte, ein Sonnenkringel, der eine Zeitlang den ganzen Vogel voll beleuchtete. Ich verschlang ihn fast mit meinen Blicken, und in mein Tagebuch schrieb ich, ohne auf die Seiten zu achten:

»Körperfarbe einheitlich sandbraun; Federn an den Seiten mit feiner Querbänderung; ebensolche Fleckung, aber verwaschener, an Brust und Kopfoberseite; Rücken im gleichen Ton, doch dunkler; Flügel braun mit markanter ockerfarbener Querzeichnung;

Schwanz offensichtlich kurz, wird fast völlig von den Flügeln bedeckt; Ohren (Federbüschel am Kopf) groß und zur Seite gerichtet; Gesichtsschleier verhältnismäßig schwach ausgeprägt; Kopf erscheint im Verhältnis zum Körper klein (beim gewöhnlichen Uhu ist er viel beeindruckender); Körperlänge wohl etwa einen halben Meter.«

Das also ist die Protokollnotiz aus dem Tagebuch. In Wirklichkeit jedoch sah ich den Fischuhu ganz anders – wie in einem Märchen, etwa so: »... Auf einem umgestürzten Baumstamm sitzt eine riesige Eule, einem Heuhaufen ähnlich. Ich wundere mich, warum ich sie nicht sofort gesehen habe. Helle, goldgelbe Färbung. Zottige, abstehende ›Ohren‹ – wie eine Kappe mit zwei Schirmen, die nach verschiedenen Seiten zeigen. Aus der Entfernung gesehen, fließen die dunklen Augenhöhlen und der Schnabel in eins zusammen, und so sieht es aus, als habe man der Eule eine Maske übergestülpt. Wie bei Siamesischen Katzen! Ein heranhuschender Sonnenstrahl bewirkt, daß sich das Gesicht des Riesenfischuhus in Falten legt wie bei einem alten Mann, der Tabak schnupft, und die Form eines abgeflachten Ovals nimmt. Im hellen Licht blinzelt der Vogel. Ja natürlich, das ist gar kein Fischuhu, sondern der Geist der Bikinwälder! Der braungrüne bemooste Baumstamm und der urtümliche Fischuhu – sie sind beide geradezu für einander geschaffen...«

Irgendwo hoch am blauen Himmel fliegen mit kehligen Rufen zwei Dickschnabelkrähen. Sie sind nicht schwer und fliegen ruhig ihre Bahn, für alle sichtbar – so wie sie es immer machen. Aber ich fürchtete doch sehr, daß diese allgegenwärtigen, beeindruckend scharfsichtigen und verständigen Vögel mich bemerken und den ganzen Wald zusammenschreien würden. Ich kauerte mich zusammen, regte mich nicht. Als die Krähen weg waren, hob ich vorsichtig das Glas an die Augen. Der Uhu saß noch immer in der gleichen Pose auf seinem Platz, aber mir kam es vor, als habe er den Kopf tiefer als gewöhnlich eingezogen. Er wollte wohl ebenfalls nicht von den Dickschnabelkrähen entdeckt werden!

Der Sonnenstrahl schien fast auf dem Uhu zu haften. Voll angestrahlt, saß der Vogel noch eine Weile unbeweglich, doch dann schien es mit seiner Geduld vorbei zu sein, denn er richtete sich plötzlich auf. Im nächsten Augenblick brachte er seinen Körper aus der vertikalen Stellung in die horizontale, und unter dem Stummelschwanz hervor spritzte ein weißer Strahl. Einen Moment verharrte der Uhu unbeweglich in dieser Pose. Dann sträubte sich sein Gefieder langsam, und der ohnehin große Vogel wurde dabei doppelt so groß. Seine Zehen umklammerten krampfhaft den Stamm, und durch den Körper lief, vom Schwanz zum Kopf und zurück, ein heftiges Zittern. Schließlich schüttelte sich der Uhu und lief watschelnd, die horizontale Lage beibehaltend, auf dem Stamm umher. Seine mächtigen Füße wurden sichtbar, unter der kurzen Befiederung konnte man die kräftigen Muskeln ahnen.

Unter der Traubenkirsche suchte der Vogel sich jetzt den dunkelsten Platz, machte halt und nahm die für Eulen charakteristische Vertikalstellung ein. Die Federn lagen dicht am Körper an, und er verwandelte sich wieder in ein unauffälliges Aststück.

Ich blieb noch eine Stunde sitzen, doch in dieser ganzen Zeit bewegte sich die Eule nicht ein einziges Mal. Bemüht, kein Geräusch zu machen, zog ich mir die Gummistiefel aus, streckte mich, von der Sonne etwas erwärmt, einfach auf den elastischen immergrünen Schachtelhalmen aus und beschloß, ebenfalls ein bißchen zu schlafen.

Durchfroren wachte ich auf. Die Frühjahrserde strömte merkliche Kälte aus. Die Sonne hatte sich hinter einer gegenüberstehenden Pappel verkrochen. Ich warf einen Blick auf die Uhr: zwei Uhr nachmittags. Also hatte ich fast drei Stunden geschlafen. Ich konnte gar nicht recht zu mir kommen, versuchte, mich immer wieder meines Traumes zu erinnern, in dem es um den Fischuhu ging. Was war da nur gewesen? Plötzlich wurde mir siedend heiß. Das alles war ja gar kein Traum! Ich richtete mich jählings auf, blickte um mich. Ja natürlich. Dort war ja der umgestürzte Baum, die Traubenkirsche... Uff, mir fiel ein Stein vom Herzen. Der Fischuhu saß an seinem alten Platz. Mir wurde schwindlig, sicher vor Erregung, und ich legte mich wieder hin. Da fiel mir ein, daß ich seit gestern Abend nichts mehr gegessen hatte und in der Baracke der hungrige Hund eingesperrt war. Vielleicht sollte ich nach

Hause gehen und etwas essen? Es war ja gar nicht weit, nur zwei Kilometer. Aber wenn inzwischen irgend jemand den Uhu erschreckte, würde ich nicht wissen, wohin er geflogen war. »Nein«, sagte ich mir mit Nachdruck, »ich muß bis zum Abend hier sitzen und warten, muß das Nest ausfindig machen!« Um mir die Zeit zu verkürzen, nahm ich mir mein Tagebuch vor, um die Lücken zu füllen.

Drei Stunden belauere ich nun den Fischuhu schon, seit ich erwacht bin. Inzwischen war zweimal ein ziemlich großer Schneehase gemächlich an mir vorbeigehoppelt, den Kopf dabei tief auf die Erde gesenkt, als ob er etwas wittere. Er bemerkte mich nicht, ich aber sah, daß der Haarwechsel bei ihm an den Flanken und am Rücken noch nicht beendet war. Außerdem gelang es mir, ohne daß ich mich vom Platz rührte, Gelbkehlammern – die prächtigsten Ammern überhaupt – zu beobachten. Besonders hübsch ist das Männchen. Mit seiner Haube und der zitronengelben Kehle sieht es ungewöhnlich korrekt und elegant aus. Ihr Nest hatten die Ammern auf der Erde unter einem trockenen Farn etwa zwanzig Meter von mir entfernt gebaut, sicher mit einem Gelege oder eben ausgeschlüpften Jungvögeln darin. Die Alten verschwanden, einander abwechselnd, für längere Zeit im Nest. Es wäre für mich natürlich interessant gewesen, hinzugehen und nachzusehen, aber ich fürchtete, den Fischuhu zu vergrämen, und bewegte mich nicht vom Fleck. In seiner »arbeitsfreien« Zeit sang das Ammermännchen direkt neben mir ein fröhliches Lied. Sein Gesang plätscherte dahin wie ein klares Bächlein.

Gegen sechs Uhr abends hörte ich vom Wald her Schritte. Irgend jemand kam auf mich zu. Ich geriet in Unruhe – Menschen konnte es hier ja nicht geben. Und wenn doch? Ich wurde sogar ärgerlich, als ich mir vorstellte, daß der erschreckte Fischuhu wegfliegen würde. Die Schritte näherten sich, aber der Vogel beachtete sie gar nicht. Da merkte ich, daß da kein Mensch, sondern ein vorsichtiges Tier sich näherte. Ich beruhigte mich also etwas, und da entdeckte ich auch schon zwischen Zweigen den grauen Leib eines Isubra-Alttiers. Bevor es ins Freie trat, verharrte es unbeweglich zwischen den Sträuchern. Aber auch nachdem es nichts Verdächtiges bemerkte, hatte das Tier es immer noch nicht eilig, auf die Lichtung zu treten, wo ein grüner Grasteppich lockte, es äste weiter zwischen den Bäumen. Man konnte nur staunen, wie sehr sein Körper mit dem Hintergrund verschmolz, wenn das Tier still stand. Ich saß vollkommen ohne Deckung da, aber die Hirschkuh bemerkte mich ebensowenig wie vorher der Hase, sie zupfte ruhig Gras und zog ganz dicht an mir vorbei. Das auf mich zukommende Tier hatte ich nicht sofort und nur schwer bemerkt, die sich von mir entfernende Hirschkuh konnte ich dagegen ausgezeichnet sehen. Noch lange leuchtete zwischen den grauen Ulmenstämmen der helle Spiegel unter dem Wedel des Tieres.

Als gegen sieben Uhr abends die Sonne eine gelbe Färbung annahm und die fernen Bergkuppen berührte, stieß mein Uhu, den ich hier beobachtete, plötzlich ohne jeden äußeren Anlaß ein »Huiui« aus. Und im selben Augenblick, als sei das ein langerwartetes Signal gewesen, erklang von einer Zirbelkieferngruppe her ein tieferes und langgezogenes »Uiuiui-huuuu« herüber. Darauf antwortete mein Uhu mit einem klaren »Huu-huuuu«. Einige Minuten riefen die Vögel abwechselnd. Wahrscheinlich hatte die zweite Eule den Tag in einer Zirbelkiefer verbracht, denn ihre Stimme ertönte von oben herab. Woher die Eule kam, konnte ich nicht ausmachen – ich sah sie lediglich zur Erde schweben. Ungeheuer hell und groß kam sie mir im Flug vor. In ihren Anblick versunken, verpaßte ich den Moment, in dem mein Uhu aufflog. Ich hörte seine Stimme aus einer anderen Richtung, sah mich um und bemerkte, daß der bemooste Stamm, von dem ich fast den ganzen Tag kein Auge gelassen hatte, leer war. Auch der zweite Vogel hielt sich in den Bäumen verborgen. Ich war richtiggehend verzweifelt. Zum Überfluß verstummten beide Uhus plötzlich. »Schlafmütze! Hast alles verpaßt!« beschimpfte ich mich. Doch da ließ einer der Vögel wieder seine Stimme hören. Langsam und lautlos, wie ein Tiger sich an äsende Wildschweine heranmacht, schlich auch ich mich an meine »Beute« an.

Es war noch ganz hell, und ich sah beide Fischuhus gut. Einer saß auf einer kleinen Bülte, direkt am Rande eines versumpften Wasserlaufes, der zweite wenige Meter davon entfernt auf einem

51 Wenn man die Zwergohreule beobachten kann, vergeht einem die Nacht wie im Fluge

52 Wenn in der einfallenden Dämmerung das Grün der Taiga plötzlich in Schwarz übergeht, fliegt die Zwergohreule aus zur Jagd auf Insekten. Nun ist es mit der Geduld der Jungen endgültig vorbei, energisch fordern sie Nahrung

53 Die schönsten Greifvögel des Ussurigebiets sind die Scheckweihen, die ausgedehnte Moossümpfe und Wiesen bewohnen. Das Männchen hat ein besonders prächtiges Gefieder

54 Das Weibchen der Scheckweihe hält sich fast ständig bei ihren Jungen auf und bewacht sie. Wehrhaft verteidigt sie das Nest gegen Iltis oder Marderhund, einen Menschen jedoch greift sie im Gegensatz zum Kleinsperber nicht an

55 Auch der Schildkauz stellt in den Mischwäldern am Bikin keine Seltenheit dar. Nach seiner Art zu jagen ist er sozusagen der Falke des Nachthimmels, der selbst eine Fledermaus im Flug zu schlagen vermag. Als Nahrung dienen dem Schildkauz jedoch vorwiegend Nachtschmetterlinge

56 Fast einen Monat verbleiben die Jungen des Schildkauzes in der Nisthöhle. Erst am 25.–27. Tag pflegen sie erstmals ihr Heim zu verlassen. Sie spüren die sich plötzlich vor ihnen auftuende Weite und erproben ihre Schwingen

57 Unter den anderen Greifvögeln kann man den Habichtsbussard leicht an der Stimme erkennen, an seinem übermütigen »Tschik-k-e-i«, und auch an der hellen Kehle mit dem dunklen Streifen in der Mitte. Die Nahrung des Habichtsbussards ist sehr vielseitig – Schlangen, Eidechsen, Frösche –, aber er frißt auch ebenso gern Mäuse

2
3
4

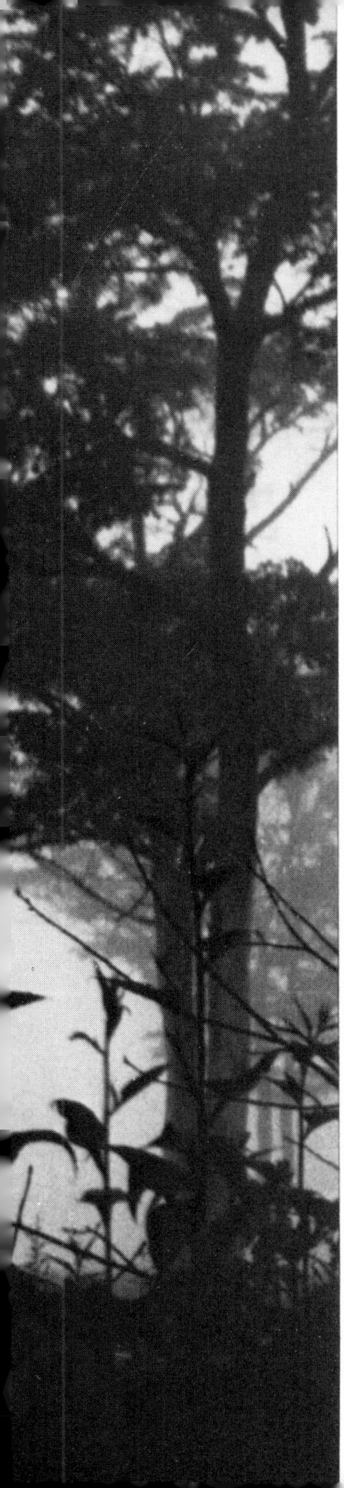

58 59 60

61

62

58 Schon in den ersten Tagen meiner Arbeit am Bikin hörte ich nachts immer wieder ein seltsames Heulen im lichten Auewald. Erst viel später fand ich heraus, daß es von einem balzenden Dreiflecklaufhühnchen stammte, einem Vogel, der äußerlich einer Wachtel ähnelt

59 Es gibt keinen heimlicheren Vogel als dieses Dreiflecklaufhühnchen. Leise wie eine Maus verschwindet es, ohne einen Halm zu bewegen, und genauso lautlos taucht es wieder auf. Obwohl dieser Vogel im Primorje durchaus nicht selten ist, haben ihn bisher nur wenige Forscher zu Gesicht bekommen

60 Im Gras der sumpfigen Ufer stiller Gewässer wohnt die Amurzwergrohrdommel, die bei Tage nur äußerst selten zu beobachten ist

61 Sechzehn Tage haben die Schwarzhalsammern ihren »Stiefsohn« gefüttert, am siebzehnten Tage ist der Jungkuckuck erstmals ausgeflogen. Doch die Pflegeeltern sind weiter um ihn besorgt, sie füttern den Kuckuck so lange, bis er gut fliegen und sich selbst Futter suchen kann

62 Im Weidengestrüpp an Altwassern lebt der kleine Mangrovenreiher, der sich seine Nahrung an den Wasserrändern sucht

über dem Wasser hängenden dürren Stamm. Beide Vögel waren eifrig mit ihrer »Toilette« beschäftigt. Sorgfältig durchsuchten sie ihr lockeres Gefieder. Es sah so aus, als mauserten die Vögel, stoben doch bald von dem einen, bald von dem anderen kleine Federn zur Seite. Bei dem Uhu, der auf dem Baum saß, war eine unter dem Flügel herausgezogene Feder am Schnabel kleben geblieben. Auf einem Bein sitzend, befreite er sich davon sehr geschickt mit dem anderen Fang. Die Flaumfeder fiel, sich im Kreise drehend, ins klare, blaugrüne Wasser, in dem die mit Pflanzen bewachsenen Steine und das Spiegelbild des einen Uhu gut zu erkennen waren. Der Spiegel des Gewässers bewegte sich sanft von den am Grund sprudelnden Quellen, den Sprüngen der Fische und dem geschäftigen Umherschwimmen der zum Laichen versammelten Frösche.

Auf einmal stutzte einer der Vögel, richtete sich auf, stieß sich dann ab und flog direkt über dem Wasser auf mich zu. Unterwegs taumelte er etwas, und ich bemerkte zu meiner Verwunderung, daß in seinem rechten Fang ein Frosch zappelte. Noch im Flug nahm der Vogel ihn in den Schnabel und ließ sich mit der Miene eines geschickten Taschenspielers auf dem alten Platz nieder. Nachdem er sich einige Minuten mit seinem Opfer am Ufer abgeplagt hatte, verschlang er ihn augenzwinkernd.

Die Dämmerung war schon so weit vorgeschritten, daß ich die Fischuhus nur noch durch die lichtstarke Optik des Fernglases sehen konnte. Während der letzten halben Stunde hatte jeder von ihnen mindestens fünf, sechs Frösche gefangen. Im Verlauf des Abends schrien und putzten sich die Uhus mehrere Male, danach jagten sie wieder. Aber keiner von ihnen flog irgendwohin fort, keiner trug Nahrung weg. Wo war ihr Nest? Warum fütterten sie keine Jungvögel? Das Verhalten der Uhus war mir unverständlich.

Bald wurde es vollkommen dunkel, aber beide Vögel wichen nicht von dem unglückseligen Wasserlauf. Um Mitternacht fing auf einer Landzunge am Bikin ein weiterer Uhu an zu klagen, den ich bisher nicht bemerkt hatte. Mein Paar flog wie auf Kommando auf und begab sich gleichfalls dorthin. Fast eine Stunde lang schlich ich bei völliger Dunkelheit bis zum Bikin, fand aber, dort angekommen, nichts vor. Ich blieb bis zum Morgengrauen sitzen, doch alle Fischuhus schienen wie vom Wasser verschluckt zu sein.

Am Morgen fand ich an dieser Stelle die Reste eines ziemlich großen Fisches, zwei weiße Kotflecken, ein Gewölle, das aus vielen weißen Froschknochen bestand, mehrere Daunen und eine gelbgestreifte Schwanzfeder. Spuren, die mich zum Nest der Fischuhus hätten führen können, gab es am Ufer des Bikin nicht.

Kein Nest!

Noch ein ganzes Dutzend Nächte verbrachte ich am Bikin im Bereich des Flüßchens Lesnucha, aber das Nest des Riesenfischuhus fand ich trotzdem nicht. Über das Leben dieser Vögel hatte ich aber doch einiges erfahren.

So wußte ich jetzt genau, daß es auf meiner Seite des Bikin kein Nest gab. Während der hier verbrachten siebzehn Tage hatte ich Inseln und Zuflüsse in unmittelbarer Nähe abgesucht und kannte sie nicht schlechter als ein Udehe sein Jagdrevier. Das Fehlen des Nestes bestätigte mir auch das Verhalten der Vögel, die ich beobachtete. Es gab Zeiten, da war mir das Verhalten »meiner« Uhus viele Tage hintereinander bekannt. Ich wußte zum Beispiel genau, daß sie gestern und vorgestern Tag und Nacht im Gebiet der Dalnjaja Protoka verbracht hatten, die heutige Nacht und den ganzen Tag dagegen auf der anderen Seite des Bikin, im Lesnucha-Quellgebiet. Brutpaare verhalten sich anders, sie sind an einen bestimmten Platz, das Nest, gebunden.

Und noch eine Beobachtung machte ich am Bikin. Die Spuren, die die Vögel hier regelmäßig hinterließen, sagten mir, daß sie zu bestimmten Zeiten hierher kamen, um Jagd zu machen. Hier lauerten sie den großen Lachsen auf, die zum Laichen bis an den Flußoberlauf vordrangen. Ich sah sogar, wie sie das machten. Der Riesenfischuhu sitzt am Ufer oder auf einem ins Flachwasser gespülten Stumpf und starrt stundenlang geduldig mit seinen vorstehenden Augen auf das gekräuselte Wasser, das über den Schotter strömt. Sobald er den Rücken eines aufwärts ziehenden Fisches bemerkt, hebt er ab und zerrt die Beute aus dem Wasser, daß es nur so aufspritzt.

7*

Einmal aber, ich hielt mich bereits seit dem Abend an der Landzunge versteckt, wurde ich Zeuge völlig unerwarteter Ereignisse. Ein gegen Mitternacht irgendwo von Bikin-Unterlauf herbeigeflogener Fischuhu (es war ein »Fremdling«, den ich bereits an der Stimme von den anderen unterscheiden konnte) setzte sich auf seinen Lieblingsplatz, einen auf der Landzunge hängengebliebenen Baumknorren, und ließ sein grobes, langgezogenes »Uiuiuiuihuiui-huiuiuiuiui« hören. Als Antwort darauf meldeten sich sofort meine beiden Uhus, die diese Nacht in nächster Nähe an einem Nebenarm des Bikin verbrachten. Es waren kaum ein paar Minuten vergangen, da landeten sie auch schon einer nach dem anderen mit schwerem Flügelschlag ganz in der Nachbarschaft. Zuerst kam es mir vor, als beachteten die drei Vögel einander gar nicht und seien mit Fischefangen beschäftigt. Bald zog der »Fremdling« einen fast ein Kilo schweren Lachs aus dem Wasser und ließ sich schwerfällig mit ihm am Schotterufer nieder. Da passierte etwas vollkommen Unerwartetes. Mit einem tollkühnen Pfiff, wie ihn nur Gassenjungen ausstoßen, stürzte mein Paar sich auf den »Fremdling«. Dieser zögerte etwas und gab dann ohne Widerstand seine Beute ab!

Mir lief es heiß über den Rücken. Das frühere Verhalten der Fischuhus, das ich mir zunächst nicht hatte erklären können, wurde mir jetzt verständlich. Ein Weibchen fütterte hier seine vorjährigen Jungen! Erst jetzt wurde mir klar, daß die jungen Uhus ja gar kein eigenes Nest haben konnten, vermochten sie ja bisher noch nicht einmal für sich selbst die nötige Menge Fisch zu erbeuten. Wie sollten sie da Jungvögel satt bekommen!

Dieses Mal hatte ich Tschuk bei mir. In den letzten Tagen hatte ich ihn auf meinen nächtlichen Gängen immer mitgenommen. Nicht um mir Mut zu machen, denn den nächtlichen Wald fürchtete ich längst nicht mehr. Übrigens ist es nachts mit einem Hund schlimmer als ohne einen. Man selbst ist ruhig, nichtsahnend, er aber wittert ein Tier schon von weitem. Dann steht ihm das Haar zu Berge, und aus seinem Innern dringt ein leises Knurren. Davon wird einem im Stockfinstern dann erst wirklich angst. Ohne Hund hätte man vielleicht gar nicht bemerkt, daß irgendwer vorbeikam.

Nein, aus einem anderen Grund nahm ich Tschuk mit. Wohin ich auch immer geriet, wenn ich den Stimmen der Fischuhus nachjagte, ich brauchte den Hund nur an die Leine zu nehmen und ihm zu befehlen: »Marsch nach Hause!«, schon führte er mich unweigerlich auf dem kürzesten Weg zu unserer letzten Raststelle. Dabei war es weniger verwunderlich, daß er überhaupt den Weg fand, als vielmehr, daß er auch den bequemsten Pfad wählte. Wenn ich den Eulen aufgelauert hatte und mich in der Dunkelheit durch schier undurchdringliches Dickicht quälte, führte Tschuk mich immer auf plötzlich auftauchenden Pfaden und Lichtungen nach Hause zurück.

Heute aber ging ich nicht sofort in die Baracke. Ich setzte mich bequem nieder, ließ Tschuk mir gegenüber Platz nehmen und begann so eine Art kleine »Pressekonferenz«. Da hieß es etwa folgendermaßen:

»Mein lieber kleiner Tschuk! Da haben wir saubere Arbeit geleistet. Es ist uns gelungen, höchst interessante Besonderheiten im Leben eines der am wenigsten erforschten Vögel zu entdecken. Wir haben mit Sicherheit festgestellt, daß die Riesenfischuhus nicht vor ihrem dritten Lebensjahr zur Fortpflanzung kommen. Wir haben uns davon überzeugt, daß es sinnlos ist, bei jüngeren Vögeln nach ihren Nestern zu suchen. All diese Tage spürten wir erfolgreich ein paar besonders lauten Schreihälsen unter den Fischuhus nach, aber eben die waren jung. Schon Großvater Lenkui und Pokula hatten uns gesagt, daß Fischuhus im Februar, März balzen. Im April, Mai, in der Zeit also, da wir sie gesucht haben, riefen die brütenden Uhus relativ selten. Aber wir haben auch so manches andere in Erfahrung gebracht. So haben wir gesehen, wie Fischuhus jagen, und wissen, was sie fressen.« Als Tschuk das Wort »fressen« hörte, »tropfte« ihm die Zunge, ich aber fuhr fort, als sei nichts geschehen: »Die Hauptsache jedoch ist, daß wir mit eigenen Augen viele Male Riesenfischuhus gesehen haben.« Ich legte eine kleine Pause ein (während der auf der Sandbank unruhig Ussuri-Regenpfeifer schrien) und schloß dann, schon in strengerem Ton: »Aber es gab auch Pannen bei unserer Arbeit. Gerade sie führten dazu, daß es uns nicht gelang, ein Nest der Fischuhus zu finden.«

Damit war meine Rede zu Ende. Ich atmete erleichtert auf. Tschuk, der begriff, daß es jetzt nach Hause gehen würde, wedelte froh mit der Rute.

In der Hütte erwartete uns eine Überraschung: Auf der Rückseite des vom Vogelbestimmungsbuch abgenommenen Schutzumschlages war mit Tintenstift geschrieben: »Bin am Oberlauf gewesen. Habe ein Loch in einer Pappel gefunden, neben dem zwei Fischuhus saßen. Geh nicht weg. Morgen schaffe ich dich hoch zur Baracke an der Puschnaja. Semjon Kantschuga.«

Über diese neue Hoffnung vermochte ich mich nicht einmal zu freuen. Doch als ich früh am Morgen aufgestanden war, ging ich nicht fort, wie ich es gewöhnlich tat.

Weiter den Bikin aufwärts

Wie Semjon behauptete, waren es bis zum Flüßchen Puschnaja etwa dreißig Kilometer stromauf. Vielleicht war die Strömung des Bikin in diesem Abschnitt stärker, oder der Motor in Semjons Boot war schwächer, jedenfalls kam es mir vor, als führen wir eine Ewigkeit. Das reißende Wasser fürchtete ich nun nicht mehr, und unterwegs schlummerte ich sogar ein wenig ein.

Über den Bikin schossen mit zischendem Flügelschlag bereits die Stachelschwanzsegler dahin. Auf einem verdorrten Baum am Ufer thronten brav dunkle Rachenracken (Ostroller). Dieser farbenprächtigste Vogel des Primorje sieht sitzend recht bescheiden aus; er braucht aber nur aufzufliegen, einer Libelle oder einem Schmetterling hinterher, und schon strahlt er auf wie ein Smaragd. Sowohl die Segler wie auch die Rachenracken kommen erst spät, zu Frühlingsende, an den Bikin. Mit dem Erscheinen dieser Vögel beginnt für mich der Sommer. Und es stimmt, wir haben ja schon den 30. Mai.

Es war Abend, als wir an der Puschnaja ankamen. Die gebänderte Sonne stand bereits hinter den Bäumen. Wie auch an der Lesnucha hatte man hier eine Jagdhütte errichtet. Daneben trocknete, auf Stangen ausgebreitet, das Fell eines mächtigen Braunbären. Es sah aus, als stünde es hier schon seit dem Winter – eine ungegerbte Bärenhaut ist nämlich hart wie ein Brett und wird gewöhnlich stehend an einen Baumstamm oder eine Wand gelehnt. Wie an der Winterhütte von Pokula ist auch hier an der Wand ein Hundeschlitten abgestellt. Auf dem Dachboden sieht man die mit Rentierfell bezogenen breiten Ski.

Das Häuschen an der Puschnaja gehört den Neffen Pokulas – Nikolai und Alexander Sigde. Hier ist ihr Jagdrevier, hierher werden sie in vierzehn Tagen kommen, um Panty, die jungen Geweihe von Isubrahirschen, zu erbeuten. Die Geweihe sind im Sommer mit Bast bedeckt, weich und von vielen Blutgefäßen durchzogen. Sie werden in großem Umfang in der Medizin bei der Herstellung von Arzneimitteln verwandt, die anregend wirken und die menschliche Widerstandsfähigkeit gegen Krankheiten erhöhen. Da die Geweihbeschaffung noch nicht begonnen hat, werde ich bis dahin Alleinherr der Hütte sein.

Das Plätzchen gefiel mir sofort. Ein hohes Ufer. Unten im Fluß tummelnde Äschen. Gleich hinter der Hütte eine mit Mischwald bedeckte Bergkuppe, eine Sopka. Am Hang rief mit sich überschlagender Stimme ein Fluchtkuckuck, dessen Gesang höchst eigenartig klingt, so, als ob sich der Vogel damit selbst in Ekstase bringen wolle. Er beginnt mit einem ruhigen Pfeifen, verstärkt dann allmählich den Ton, wiederholt die einzelnen Elemente immer häufiger, geht zum Schluß, wie wenn er sich verschluckt hätte, in ein leidenschaftliches Zischen über – und verstummt. Während unser heimischer Kuckuck äußerlich eher dem Sperber ähnlich sieht, erinnert der Fluchtkuckuck an den Amurfalken.

»Nun, wie ist's, wollen wir nach Fischuhus sehen?« fragte Semjon lachend und blinzelte mir zu.

Das hatte ich nicht erwartet, daß ein älterer Mann, der den ganzen Tag am Motor gestanden hatte, statt die verdiente Teepause einzulegen, sich in der Abenddämmerung bereit finden würde, noch irgendwo hinzufahren. Aber da sind sich wohl alle Udehe gleich: Wenn es darum geht, etwas für den »Freund des Freundes« zu tun, ihm einen Dienst zu erweisen, so verschieben sie dies niemals auf morgen. Natürlich lief ich gleich wieder zum Boot.

Wir brauchten nicht weit zu fahren, nur etwa einen halben Kilometer den Bikin aufwärts. Das Boot drosselte die Geschwindigkeit, bog scharf nach rechts ab und lief in die Mündung der Puschnaja ein. Dazu muß ich bemerken, daß die Mündungen fast aller Bikinnebenflüsse erstaunlich ruhig sind. Auf ihrem Weg haben es diese »kleinen Brüder« des Bikin unwahrscheinlich eilig, wirken aber, wenn sie fast am Ziel sind, irgendwie unentschlossen, und wenn sie sich dann gegen die mächtige Flanke des Bikin lehnen, kommen sie fast zum Stillstand. So ist es auch mit der Puschnaja.

Auf dem ruhigen Wasser tauchten wir in einen grünen Tunnel ein, bogen bald nach rechts, bald nach links ab, legten dabei fast noch einen weiteren Kilometer zurück und gelangten unerwartet an eine kleine klare Flußausbuchtung. Der Motor verstummte, aber durch sein Beharrungsvermögen wurde das Boot noch ein Stück weitergetragen.

»Hier also«, sagte Semjon und zeigte mit der Hand ans Ende der Ausbuchtung. In diesem Augenblick kam, wie zur Bestätigung der Worte, aus dem Wald ein Fischuhu zum Fluß geflogen. Als er uns bemerkte, drehte er aber ab und verschwand langsam, mit seinen großen stumpfen Flügeln schlagend, im Dickicht. Genau wie damals, als ich bei der Winterhütte Pokulas den Ruf dieser Eulen das erste Mal hörte und sie auf der Insel an der Lesnucha das erste Mal sah, erbebte mein Herz förmlich. Sollte es sich bestätigen, daß sich in der von Semjon gefundenen Höhlung tatsächlich ein Nest des Riesenfischuhus befand?

An die Pappel schlichen wir uns an – vorneweg der kleine, schmächtige Semjon und hinter ihm, gebückt, um nicht größer als er zu sein, ich. Schon näherten wir uns der Pappel. Genauer gesagt, es war keine Pappel mehr, sondern der Rest ihres Stammes, drei Meter im Durchmesser und fünfzehn Meter hoch. Inzwischen klangen aus dem Wald die Stimmen der Fischuhus an unser Ohr. Es riefen gleichzeitig zwei ausgewachsene Vögel. Mir kam es sogar vor, als schwinge in ihren Stimmen Unruhe mit.

»Gefunden! Das kann doch nicht wahr sein?!« schoß es mir durch den Kopf.

Etwa fünf Meter unterhalb der Spitze gähnte im Stamm ein großes Loch. Schon gaukelte mir meine Phantasie in dem dunklen Oval die hellen Umrisse einer großäugigen Eule vor. Diesen Stamm zu ersteigen war ohne spezielle Hilfsmittel unmöglich. Ich ging ein paarmal um den Baum herum. Hier und da lagen Federn, an einigen Stellen fand ich Kot und Gewölle. Mehr konnte ich nicht in Erfahrung bringen, und wir kehrten zur Hütte zurück.

Die halbe Nacht ließ ich Semjon nicht zum Schlafen kommen, fragte ihn über die Fischuhus aus und erzählte ihm alles, was ich selbst bereits wußte. Im Morgengrauen fuhr der Udehe weiter stromaufwärts. Er hatte am Alten Bikin zu tun.

»Paß auf, sei vorsichtig. Verscheuche die Uhus nicht und brich dir nicht das Genick auf diesem Stamm«, sagte er lachend zum Abschied und fügte hinzu: »Nein, nichts zu danken. Ich habe den Baum doch rein zufällig gefunden. Ich kam hierher, weil ich hier zu tun hatte.«

Erst einen Monat später erfuhr ich, daß er eigens von hier aus die dreißig Kilometer abwärts bis zur Lesnucha gefahren war, um mich zu holen.

Eine gefährliche Besteigung

Zur Höhlung der Fischuhus kam ich dieses Mal mit »Katzen« bewaffnet – das sind kleine Steigeisen, Eisenhaken, die man mit Riemen fest an die Stiefel befestigt und die ich benutze, wenn ich auf Bäume steigen muß. Von Anfang an war mir jedoch klar, daß diesen Baumriesen zu erklimmen nicht ganz einfach sein würde. Die Hauptschwierigkeit bestand darin, daß man einen Baum von drei Meter Durchmesser natürlich nicht mit den Armen umfassen kann. Hier mußte man faktisch an einer Wand emporsteigen. Ich versuchte, eine Sicherheitsleine um den riesigen Stamm zu legen, sah mich aber einer neuen Schwierigkeit gegenüber. Die herumgelegte Leine ließ sich nicht nach oben verschieben, sondern blieb an Unebenheiten der alten Borke hängen. Andauernd verklemmte sie sich in allerlei Spalten und ließ sich nicht mehr von der Stelle bewegen. Ich mußte also ohne Sicherung klettern.

Ich wand mich mit dem ganzen Körper und näherte mich zentimeterweise der Höhlung. Bevor ich den Fuß abhob und die Krallen meines Steigeisens an eine neue Stelle einschlug, suchte ich den nächsten, möglichst festen Rindenauswuchs, an dem ich mich am besten mit den Händen festklammern konnte. Aber je höher ich stieg, um so dünner und brüchiger wurde die Rinde, teilweise stand sie sogar etwas von dem morschen Stamm ab.

Natürlich mußte ich das Unterfangen sofort aufgeben. Vielleicht könnte man eine Leiter bauen oder sich etwas anderes ausdenken. Aber alle diese Methoden erschienen mir unerträglich zeitraubend. Die Vorstellung, daß sich in der Höhle das Nest eines Riesenfischuhus befinden könnte, raubte mir buchstäblich den Verstand. Ich mußte unbedingt hineinsehen, jetzt gleich, sofort. Also kletterte ich hartnäckig und unbesonnen weiter.

Als mir bis zur Höhlung nicht mehr als ein halber Meter verblieb, sich unter mir aber gute zehn Meter auftaten, spürte ich, daß der Dorn meines Steigeisens am rechten Fuß nicht mehr hielt, der Fuß nach unten rutschte. Ich hieb ihn also flach gegen den Baum, um den Dorn tiefer hineinzutreiben, aber ich bekam immer noch keinen Halt. Ich überlegte noch, was zu unternehmen sei, da passierte mir das Schlimmste, was mir überhaupt passieren konnte – auch der linke Fuß rutschte ab.

Krampfhaft krümmte ich die Finger und krallte mich in den Stamm. Für einen kurzen Augenblick hörte das elende Rutschen auf. Aber die Finger konnten diese übermenschliche Anstrengung nicht lange aushalten. Aus den Augenwinkeln schielte ich über die Schulter nach unten. ›Dorthin, möglichst weit von den spitzigen Wipfeltrümmern der Pappel mußt du fallen‹, schoß es mir durch den Kopf. ›Hauptsache, kräftig vom Stamm abstoßen.‹ Aber ich befand mich ja in der Höhe eines dreigeschossigen Hauses! Und wieder preßte ich mich an den Stamm, schabte mit Bauch, Brust und Gesicht das Moos von der Rinde, klammerte mich mit Fingern und Nägeln an ihr fest und rutschte langsam nach unten. ›Wenn du abzustürzen drohst, vergiß nicht, dich möglichst kräftig abzustoßen‹, ging es mir erneut durch den Kopf.

Aber ich habe im Leben immer etwas Glück gehabt. Nachdem

ich einen Meter gerutscht war, blieb ich unerwartet mit dem einen Fuß an einem kleinen runden Auswuchs hängen (man sagt, aus ihnen werden Tabakspfeifen und Messergriffe gefertigt). Als ich für den einen Fuß einen Halt hatte, fand ich auch für den anderen einen.

Etwa fünf Minuten ruhte ich mich aus und bezwang das Zittern in den Knien. Dann bog ich das Bein ein und befühlte den Dorn. An ihm saß, wie an einem Korkenzieher, ein Rindenpfropf. Mit dem anderen Dorn verhielt es sich ebenso. Nach einigem Hin und Her hatte ich die Dorne frei. Ich kam wieder etwas zu mir und schaute nach oben. Dort gähnte die unerreichbare Höhlung. Ein Blick nach unten: Dort saß Tschuk und beobachtete mich aufmerksam. Als er sah, daß ich ihm seine Aufmerksamkeit zuwendete, winselte er ungeduldig los. Da gab ich auf: Mit größter Vorsicht kletterte ich zum Erdboden hinunter.

Wie verprügelt saß ich auf einer Bülte. Tschuk beschnupperte mit ernster Miene meine Hände. Von einem nochmaligen Aufstieg auf den unglückseligen Baumstummel konnte an diesem Tage keine Rede mehr sein. Die Nacht verbrachte ich in einem Versteck unweit der Pappel. Nur zweimal kamen die Fischuhus zur Öffnung geflogen, aber keinerlei Spektakel, der auf Jungvögel in der Höhle hingedeutet hätte, war zu hören, und gegen Morgen verschwanden die Vögel gänzlich. Am nächsten Tag kam ich wieder, kletterte aber nicht auf den Stamm hinauf. Kaum daß ich mich ihm näherte, begannen mir die Knie zu zittern. Außerdem bluteten die zerschundenen Finger noch immer, von den zehn Fingernägeln waren vier weit umgeknickt und schmerzten. Erst am dritten Tag, nachdem ich eine benachbarte Tanne geschlagen und gegen die Pappel hatte fallen lassen, konnte ich einen Blick in die Höhlung werfen. Sie war leer! Man konnte nur vermuten, daß sie noch vor kurzem ganz anders ausgesehen haben mochte. Jetzt war der Höhlenboden verfault und reichte fast bis auf den Erdboden hinunter. Als ich mit der Taschenlampe hineinleuchtete, sah ich nur kleine morsche Holzstückchen. Ich hätte heulen können. Ich wollte sogar schon alles hinwerfen und nach Hause fahren, nach Leningrad...

An diesem Tag verfütterte ich unser beider Frühstück an

Tschuk. Seine Stimmung hatte nicht gelitten, er fraß alles restlos auf. Wohl wie zum Trost für mich brachte mir das Schicksal an diesem Tag ein paar interessante Begegnungen. In der zweiten Tageshälfte – ich hatte den Hund in der Hütte zurückgelassen – ging ich die benachbarte Sopka erkunden. In einer kleinen, flachen Schlucht blinkte etwas im dichten Gras. Dann ertönte ein Laut, den ich für Motorgeräusch auf dem Bikin hielt. Ohne ermittelt zu haben, was das für ein Laut war und woher er kam, machte ich noch einen Schritt vorwärts – und das drohende Knurren wiederholte sich. Erst jetzt begriff ich, daß das die Stimme eines Tigers war! Das Tier lag etwa zwanzig Meter weiter im dichten Farn. Aus irgendeinem Grunde wollte es mir den Weg nicht freigeben und rührte sich nicht von der Stelle. Ich überlegte, kam zu dem Ergebnis, daß ich außer einem Messer keine andere Waffe bei mir hatte, und umging das Tier.

An diesem Tag gelang es mir noch, zwei Nester der Blauen Nachtigall mit Eiern darin zu finden und einen Schildkauz aufzuspüren. Übrigens ist auch über den Schildkauz nicht viel mehr bekannt als über den Fischuhu. Ein- oder zweimal hat man ein Nest gefunden, die Brutdauer ist unbekannt, die Jungvögel sind nicht beschrieben, seine Lebensweise ist immer noch ein Rätsel. Ich freute mich sehr über den Fund und stellte im stillen schon einen Plan auf, wie ich diese Eule weiter beobachten wollte.

Nein, das Leben im Primorje-Gebiet ist doch so übel nicht!

Die letzten Wochen am Bikin

Nach meinem Fiasko mit den Riesenfischuhus war ich etwas deprimiert, aber nicht lange. Die Wildnis des Ussurigebiets ist wie ein Wunderbalsam, der alle Wunden heilt. In der zweiten Sommerhälfte arbeitete ich nicht weniger intensiv als in der ersten.

Das Nest der Fischuhus fand ich nicht, aber bei meiner Suche danach begegnete ich vielen anderen interessanten Vögeln. So konnte ich die Nester von Schildkäuzen beobachten, die in Baumkronen versteckten kleinen Hängenester der Rostseiten-Brillenvögel und die aus Flechten geformten Napfnester des Graumennigvogels. Ich kannte die Nester vieler Ammern: der Gelbkehlammer, der Schwarzhalsammer, der Maskenammer, der Halsringammer und der Wiesenammer. Auf Fichten und Zirbelkiefern konnte ich die laubhüttenähnlichen Hängenester des Goldhähnchenlaubsängers entdecken. Ich verfolgte auch das Brutleben der Erddrossel, die ich in den vorhergehenden Jahren meiner Arbeit am Bikin nicht hatte ausfindig machen können.

In diesem Sommer lernte ich auch den vielleicht merkwürdigsten Vogel des Primorje kennen – das Gelbfußlaufhühnchen. Besonders stark beeindruckte mich seine Stimme. Man stelle sich eine feuchte Nebelnacht auf einer Wiese vor, kaum erkennbar die Konturen einsamer Bäume – einer Ulme und eines Korkbaumes. An das ferne Grollen des Bikin hat man sich gewöhnt, ringsum kommt einem alles unwahrscheinlich still vor. Irgendwo heulen Schildkäuze und Ostasiatische Zwergohreulen. Und da vernimmt man plötzlich aus der Dunkelheit einen merkwürdigen Laut, als ob weit, weit weg in Nebel und Dunkelheit eine Sirene im Hafen ihre Warnsignale auszusenden beginne. Jeder einzelne triste Laut endet mit einem kaum wahrnehmbaren Schnörkel – etwa in der Art eines dumpfen »Uuuuuui«, das sich in regelmäßigen Abständen wiederholt. So balzt das Gelbfußlaufhähnchen.

Das Gelbfußlaufhähnchen ist ein kleiner Vogel, etwa so groß wie eine Wachtel. Fast sein ganzes Leben verbringt es im Gras versteckt. Interessant ist es aber nicht nur seiner Stimme wegen. Im Unterschied zu den meisten anderen Vögeln balzen bei ihm nicht die Männchen am aktivsten, sondern die Weibchen. Die Männchen sind inzwischen mit dem Nestbau beschäftigt, später brüten sie die Jungen aus, während die Weibchen die ganze Zeit über nur ihr gequältes Heulen hören lassen.

Zu diesem Zeitpunkt verzeichnete mein Beobachtungstagebuch etwa einhundert Nester der verschiedensten Vögel. Jedes dieser Nester mußte man mehrere Male aufsuchen, an jedem mußte man mindestens einige Stunden sitzen. Am Brutleben der Vögel interessierte mich verschiedenes – so die Beteiligung von Männchen und Weibchen am Nestbau und an der Aufzucht des Nachwuchses,

Bruttermin und Brutdauer, die Nestlingszeit und schließlich das Verhalten der Jung- und Altvögel in der Brutzeit.

Gerade zu diesem Zeitpunkt bekam ich Unterstützung. Sascha Bardin, Student an der Universität Leningrad, kam zum Praktikum an den Bikin. Natürlich hatten die Vögel des Primorje es ihm sofort angetan. Zwei Leute – das ist schon ein leistungsstarkes Kollektiv. Aus einem Einzelgänger unter den »Goldsuchern« wurde ich zum Leiter einer Gruppe. Die Arbeit ging noch schneller voran.

Einmal, am Wahlsonntag, als Sascha und ich auf der Sopka waren, kam ein Motorboot an unseren Rastplatz. Zum Spaß fährt niemand auf dem Bikin herum, wir ließen unsere Arbeit Arbeit sein und stiegen ab. Am Haus warteten zwei uns unbekannte Udehe und ein Russe auf uns. Im Boot stand die Wahlurne, und diese drei Leute waren extra den langen wilden Bikin abgefahren, damit die Jäger, darunter auch wir, die Möglichkeit hatten, von ihrem Stimmrecht Gebrauch zu machen. Mit offenkundiger Genugtuung steckten wir den Wahlschein in den schmalen Spalt des versiegelten Kastens.

Am Bikin zählen alle Menschen als »Verwandte«. Ein fremder Jäger, der zum Rastplatz kommt, bekommt unbedingt Tee und etwas zu essen. Falls man nicht zu Hause ist, bedient er sich dort selbst. Wenn er auf der Jagd Glück hatte, wird er nie an einem Rastplatz vorbeifahren, ohne den »Anteil« anzubieten. Geld ist bei dieser Art Beziehungen von keinerlei Wert, so eine Gabe kann man einfach nicht ausschlagen. Obwohl Sascha und ich kein Gewehr hatten, gingen uns Fleisch und Fisch während der Jagdsaison nie aus. Dabei ist es am Bikin nicht üblich, sich zu bedanken. In der »Bikinkommune« ist unter allen Gegenständen nur das Jagdgerät unantastbares persönliches Eigentum – Fallen, Karabiner, Boote und auch die Jagdreviere, die man nur mit Genehmigung der Jäger aufsuchen darf. Die Beute des Jägers dagegen, seine Lebensmittel, sein Haus stehen den Gästen stets zur Verfügung.

Einmal mußte ich mich doch sehr über die Freigebigkeit wundern, die ein mir kaum bekannter Jäger mir entgegenbrachte, mußte ihn einfach fragen: »Bitte, sag mir doch, sind alle Menschen am Bikin so gütig und aufmerksam wie du?«

»Nein«, antwortete er mit einem breiten Lächeln. »Am Unterlauf leben zwei Geizkragen, um die machen wir immer einen Bogen.«

»Was, nur zwei geizige Udehe am ganzen Bikin?« entschlüpfte mir die dumme Bemerkung.

»Die zwei reichen«, bemerkte mein Gesprächspartner ernst.

In meinen Beziehungen zu den Udehe gab es manche lustige Begebenheiten. Einmal kam Großvater Lenkui, der während der Isubrageweih-»Ernte« sein Lager auf einer Halbinsel, zwölf Kilometer unterhalb der Puschnaja, aufgeschlagen hatte, zu mir gefahren, um sich Gummikleber für die Reparatur seiner Stiefel auszubitten. Ich respektierte sein hohes Alter und bot meine Hilfe an. Während er Tee trank, reparierte ich sein Schuhwerk. Großvater Lenkui bedankte sich und fuhr wieder ab. Damit hätte sich die Sache erledigt gehabt, wenn nicht eine Woche später Udehe, junge und alte, in hellen Scharen zu mir geströmt wären, um ihr Schuhwerk aus Gummi von mir reparieren zu lassen. Alle stellten ihre Stiefel vor mich hin und setzten sich zum Tee. Nach der Reparatur des dritten Stiefelpaares aber streikte ich und ließ die Leute die Arbeit selbst machen.

In diese Zeit meines Aufenthaltes am Bikin fällt auch meine Bekanntschaft mit den Brüdern Alexander und Nikolai Sigde, deren Winterquartier an der Puschnaja ich bewohnte. Alexander war taubstumm, er hatte das Gehör im Alter von acht Jahren nach einer überstandenen Enzephalitis verloren. Als Folge des Gehörverlustes verlor sich auch die Fähigkeit zum Sprechen. Einen interessanteren Menschen und Gesprächspartner aber (ich gebrauche dieses Wort mit voller Absicht!) habe ich wohl im ganzen Primorje nicht wieder getroffen. Seine Pantomime war höchst ausdrucksvoll. Wenn ich ihn ansah, erriet ich ohne Schwierigkeiten nicht nur, von welchen Tieren er sprach, ich erfuhr darüber hinaus noch vieles mehr – was sie fühlten und empfanden. Ich sah, wie Tiere sich an ihre Beute anschleichen, wie sie sich tummeln, wie sie in wilder Furcht flüchten oder, von einem gezielten Schuß getroffen, verenden. Alexander selbst verstand mich schon, kaum daß ich den Satz begonnen hatte. Ich suchte noch nach Worten und be-

63 *April... Gegenüber der Olonskaja Sopka teilt sich der Bikin in zahlreiche Arme und bildet kleine und große bewaldete Inseln, auf denen der Riesenfischuhu haust – eine Eulenart, von der man bisher so gut wie nichts wußte*

64 *Eines Tages wurde sogar eine so geräumige Nisthöhle wie diese hier den Uhujungen zu eng und wohl auch, was nicht weniger wichtig war, zu langweilig. Zuerst kroch der ältere Jungvogel an den Höhlenrand*

65 *Was sich nachts in der Höhle abgespielt hatte, erfuhr ich erst später zu Hause, nachdem die Filme entwickelt waren. Für eine Tausendstelsekunde hatte das Blitzlicht das Nachtleben der Vögel erhellt*

66 *Wenn die Sonne sank und die Olonskaja Sopka berührte, begann für die Fischuhus der Tag. Zuerst ließen die ausgeschlafenen, aber auch hungrigen Jungen ihre Stimmen hören, die zu jener Stunde noch bittend und kläglich klangen*

67 *Erst wenn sich die alten Fischuhus, die ungeduldigen Forderungen der hungrigen Jungen im Ohr, sattgeschrien hatten, flogen sie zur Jagd an den Fluß*

68 *Obwohl die beiden Junguhus doch das gleiche Futter – Amurhechte bis zu einem Kilogramm Gewicht und Frösche – bekamen, zeigten sie unterschiedliche Charaktere; der größere sah von Anfang an beinahe wie erwachsen aus*

69 *Das letzte »Porträt« eines »meiner« beiden Riesenfischuhus, angefertigt am 15. Juni 1974*

70 *Gegen acht Uhr abends kamen die Eltern zum Nest, baumten in der Nähe auf und begannen laut zu rufen. Das Männchen machte einen krummen Rücken und begann das Lied, wie ein Echo antwortete ihm das Weibchen*

71 *In jenem Jahr war der Bikin buchstäblich außer Rand und Band geraten. Das Wasser stieg binnen kurzem um drei Meter, innerhalb von vierundzwanzig Stunden war auch die Insel der Riesenfischuhus in den Fluten verschwunden. Doch für die Jungvögel war dies kein Unglück, sie konnten bereits gut fliegen*

72 *Die in Aufruhr geratenen Wassermassen zwangen auch mich, das Reich der Riesenfischuhus zu verlassen. Schweren Herzens verstaute ich meine Sachen im Boot, mein Hund Tschuk allerdings teilte meine trübe Stimmung nicht. Ein Platzwechsel war für ihn immer ein großes Abenteuer*

4
5

0
'1
2

73
74
75

73 Von der Vogelwelt am Bikin könnte man endlos plaudern, so überaus mannigfaltig ist die Fauna dieses einzigartig schönen Landstrichs. Selbst während meines fünften Aufenthaltes hielt die Wildnis des Ussurigebiets für mich immer neue Überraschungen bereit. In jenem Jahr lernte ich in den Schwarztannenwäldern am Bikinoberlauf einen ganz ungewöhnlichen Vogel kennen – das Sichelhuhn, das zu den Haselhühnern gehört und dessen sämtliche »nahen Verwandten« auf dem amerikanischen Kontinent leben

74 Das »Schwarze Rebhuhn«, wie das Sichelhuhn von den Jägern mitunter genannt wird, zeigt keinerlei Furcht vor dem Menschen. Man kann sich ihm ungedeckt auf fünf bis sechs Schritt nähern, ohne daß der Vogel Angst erkennen läßt

75 Dieses Foto wurde aus einer Entfernung von nur etwa einem Meter aufgenommen, ohne daß der Fotograf dabei in Deckung gehen mußte. Das Sichelhuhn verhielt sich ganz ruhig

76 Im sechsten Jahr meiner Streifzüge durch die Ussuri-Taiga hatte ich das Glück, auf ein Nest des Mönchskranichs zu stoßen. Bis zu jenem Zeitpunkt (18. Mai 1974) war es noch keinem Naturforscher gelungen, ein Nest dieses außergewöhnlich seltenen Vogels ausfindig zu machen. In der Tat – der Pfad der Entdeckungen ist in der Wildnis am Ussuri genauso unendlich wie die Weite der Landschaft am Bikin

wegte kaum die Lippen, da hatte er schon erfaßt, was ich wollte, und antwortete auf meine Frage. Nach zwei Tagen, als ich die elementaren Gesten beherrschte, verliefen unsere Gespräche ganz ungezwungen und frei. Nur die Dunkelheit konnte sie unterbrechen, die uns hinderte, einander zu sehen.

Aus Erfahrung wußte ich, daß auf der Jagd, für das Leben in der Taiga ganz allgemein, das Gehör wohl der wichtigste Sinn ist, und so konnte ich mich nicht genug wundern, welch große Erfolge Alexander bei der Jagd hatte. Ich bin einige Male mit ihm in die Taiga gegangen und war beeindruckt von seiner Fähigkeit, Tierfährten zu sehen, ja zu wittern. Sein Auge hatte nicht seinesgleichen. Er sah nachts fast genau so gut wie am Tage. Alle Jäger am Bikin kannten, liebten und schätzten den stummen Sanka, wie sie ihn nannten.

Von Alexander erfuhr ich auch, daß in der Gegend, wo seine Winterhütte stand, nicht nur der eine Tiger lebte, eben der, den ich gesehen hatte, sondern vier – eine Tigerin mit zwei einjährigen Jungen und ein altes Männchen, das auf dem rechten Vorderlauf lahmte. Und der Bruder, Nikolai, hat mir auch erzählt, daß im vergangenen Winter, als Alexander sich gerade über eine Sau beugte, um sie aufzubrechen, ihn von hinten (er ist ja taub) ein mächtiger Bär anfiel. Sanka erstach ihn mit dem Messer.

Und noch etwas gab es, wodurch die Brüder Sigde mich in Staunen versetzten. In freien Minuten sahen wir uns oft die farbigen Abbildungen an, die dem Bestimmungsbuch »Vögel der Sowjetunion« beiliegen. Hier sind mehr als siebenhundert verschiedene Vogelarten dargestellt, die in allen Landschaftszonen unserer riesigen Sowjetunion zu Hause sind. Beide Udehe erkannten ohne Schwierigkeiten selbst solche Vögel, die nur selten am Bikin vorkamen. Dabei ging es natürlich nicht nur um jagdbare Vögel, sondern auch um »alles mögliche Kleinzeug« wie Finken, Ammern und andere. Später habe ich mich überzeugt, daß Alexander und Nikolai Sigde keine rühmliche Ausnahme waren, die meisten Udehe-Jäger kennen die Vögel.

Unter solch interessanten Menschen hatte ich im Fernen Osten das Glück, zu leben und zu arbeiten.

Im Juli wurde mein von Eindrücken prallvolles Dasein unter den Udehe-Jägern getrübt. Eines Tages kehrte mein Helfer Sascha Bardin fiebrig und rot wie ein gekochter Krebs von den Sopkas zurück. Am nächsten Tag bekam er starke Kopfschmerzen. Ich pflegte ihn, so gut ich konnte, aber da in unserer Apotheke nur noch Jodlösung und Binden verblieben waren, bekam ich es mit der Angst zu tun. Ausgerechnet zu diesem Zeitpunkt zogen alle Udehe gerade in der Taiga umher, um Geweihe zu erbeuten, und in der Hütte waren wir beide, vom Hund abgesehen, allein. Ein Boot hatten wir nicht. Bis zur nächsten Siedlung, Krasny Jar, wo man auf medizinische Hilfe rechnen konnte, waren es mehr als hundert stromschnellenreiche Kilometer. Von Tag zu Tag ging es dem jungen Bardin schlechter, und ich konnte ihm nicht helfen.

Erst gegen Ende der zweiten Woche gelang es mir, auf dem Bikin das überladene Boot eines unbekannten Udehe anzuhalten. Schnalzend und kopfschüttelnd erklärte er sich bereit, Sascha nach Jar zu schaffen. Zu zweit konnten wir nicht mitfahren im Boot, und so packte ich den Kranken warm ein und verabschiedete mich von ihm. Unruhe plagte mich, bis ich dann aus der Siedlung Nachricht erhielt, daß Sascha lebe und sich auf dem Wege der Besserung befinde, daß er im Krankenhaus von Jar liege, daß die Ärzte sehr besorgt um ihn seien und ihm jeden Tag mehrere Spritzen gäben. In derselben Nachricht wurde mir mitgeteilt, daß Pokulas Kinder ihn besuchen. Im Krankenhaus sagte man, Sascha habe sich Gehirnentzündung zugezogen, die von Mücken übertragen wird. Im Unterschied zur echten Enzephalitis kommt es bei dieser Krankheit selten zu Komplikationen. Ende Juli war Sascha wieder auf den Beinen, und wir flogen zusammen nach Leningrad zurück.

Am Nest des Riesenfischuhus

Wieder unter Freunden

An der von der Aprilsonne erwärmten Hauswand saß ein schwarzhaariges brünettes Udehe-Mädchen, Rita, die jüngere von Pokulas Töchtern. Sie schaute gespannt auf ihren ausgestreckten Zeigefinger und sang auf russisch: »Sinalein, Sinalein, setz dich auf mein kleines Fingerlein!« Mich bemerkte das Mädchen gar nicht. Erst als ich ganz nahe herantrat, sah ich, daß über ihrer Hand eine kleine Schwebfliege in der Luft hing. Zart mit ihren jetzt unsichtbaren Flügeln sirrend, setzte sie sich artig auf den hingehaltenen Finger... Da hob das Mädchen den Blick und stürzte mit dem Schrei: »Onkel Jura ist gekommen!« ins Haus.

Da war ich also wieder in der Udehe-Siedlung Krasny Jar. Man hatte mich in Krasny Jar nicht vergessen, im Gegenteil, man empfing mich hier so, wie man die allernächsten Verwandten empfängt. Wir umarmten und küßten einander, jeder versuchte, mich in sein Haus zu ziehen. Man fragte mich diesmal nicht mehr, warum ich nach Jar gekommen sei. Alles redete durcheinander und wollte mir erzählen, welche Vögel man wo im Winter gesehen hatte. Alle meine Bekannten waren wohlauf und gesund. Sogar Tschuk erkannte man wieder! Er stürzte sich ebenfalls freudig auf jeden Udehe, den er sah. Alle luden uns ein, bei ihnen zu übernachten, aber traditionsgemäß blieben wir in Pokulas Haus.

Abends versammelten sich, wie bereits im letzten Jahr, die Jäger. Plätze, an denen der Riesenfischuhu »ganz bestimmt« brütete, gab es danach in Unmengen. Als die meisten Probleme ausdiskutiert waren und ich den Udehe alles erzählt hatte, was mir über mein Leben und meine Jagd bei Leningrad so einfiel, und sie dann ihrerseits über ihre Jagderfolge berichtet hatten, fragte ich zaghaft, ob ich nicht für den Sommer irgendwo ein Motorboot auftreiben könne? Das Problem löste sich unerwartet leicht. Es stellte sich heraus, daß Nikolai Sigde im Winter seinen uralten Motor Marke »Moskwa« gegen einen neuen starken »Vichr« ausgetauscht hatte. Das alte Boot konnte den schweren Motor nicht aushalten, und jetzt also war Nikolai damit beschäftigt, sich ein neues Boot zu bauen.

»Du kannst mein altes Boot mitsamt Motor nehmen«, sagte er schlicht.

Dieses Mal gingen die Vorbereitungen gründlicher vonstatten. Drei Tage hatte ich mit dem Boot zu tun. Ich trocknete es, spachtelte es ab und goß die Ritzen mit heißem Asphaltteer aus. Die ganze, mir zum Teil fremde Arbeit leitete Nikolai Sigde. Von Pokula ergatterte ich mir Behälter und Kanister, kaufte auch Benzin. Endlich kam der langerwartete Augenblick des Stapellaufs, und da mußte ich gestehen, daß ich kaum Ahnung davon hatte, wie man den Motor in Gang bringt. Aber Nikolai irritierte dies nicht im geringsten, ohne großes Palaver machte er sich daran, mich »weiterzuqualifizieren« – ohne zu lachen, ohne sich über mich lustig zu machen, mit ruhigen, ernsten Worten. Unter seiner Anleitung hatte ich schon zwei Runden auf dem Bikin gedreht, da sagte er: »Na, das reicht. Aber die erste Fahrt machen wir zusammen. Ich begleite dich in meinem anderen Boot. Unterwegs lernst du noch dazu.«

Sein Plan sah folgendermaßen aus: »Zuerst fahren wir bikinabwärts. Stromab ist es schwerer«, belehrte er mich. »Hierbei ist es wichtig, daß das Boot ständig große Geschwindigkeit hat, größer als die Strömung des Bikin, sonst verlierst du die Gewalt über das Boot. Bikinaufwärts kann man getrost ganz langsam schleichen. Auch am Unterlauf habe ich Fischuhus rufen hören. Ich begleite dich etwa zwanzig Kilometer weit und lasse dich dann allein. Du wirst deine Vögel suchen und bis Jar aufwärts fahren. Dann begleite ich oder jemand anders dich weiter flußaufwärts.«

Am folgenden Morgen fuhren zwei Boote, meines und Pokulas, in dem Nikolai Sigde saß, bikinabwärts. Bis dahin hatte ich geglaubt, ich hätte mich schon völlig an das wilde Wasser des Bikin gewöhnt. Wenn ich bei den Udehe mit im Boot saß, konnte ich nicht nur vor mich hindämmern, sondern richtig fest schlafen. Als ich jedoch mein eigener »Kapitän« wurde, flößte der Bikin mir wieder Furcht ein. Jeden Moment glaubte ich auf die Steine geworfen oder ans Treibholz gedrückt zu werden. Den Steuerhebel hielt ich so verkrampft, daß mir die Finger abstarben. Ich sah nichts um mich herum, nur das vornweg fahrende Boot Nikolais. Einige Male kam er längsseits und fragte, warum ich so langsam führe. Und mir kam es vor, als flöge das Boot nur so über den Wellen dahin.

Aber zwanzig Kilometer sind eine lange Strecke, und langsam begann ich ruhiger zu werden. Sorge machte mir nur eins: Ich hatte keine rechte Vorstellung, was ich unternehmen mußte, wenn das Boot anhalten sollte, mir schien, daß ich das aus irgendwelchen Gründen nicht schaffen würde. Auf das Schlimmste gefaßt, gab ich bald Gas, bald nahm ich es weg, um die Lenkung auszuprobieren, steuerte bald nach links, bald nach rechts. Als Nikolai bemerkte, daß mein Boot anfing zu schlingern wie eine Bekassine nach dem Auffliegen und der Motor bald ganz verstummte, bald aufheulte wie ein wütender Bär, bog er zur ersten besten Landzunge ab und hielt an. Auch ich kam heran und hielt ebenfalls glücklich an.

»Na, der Motor stottert wohl?« erkundigte sich der Udehe beflissen. Als ich ihm erklärte, daß ich auf diese Weise trainieren, »Gefühl für den Motor aufbringen«, wolle, sah er mich eindringlich an, sagte aber nichts.

Wir machten uns wieder auf den Weg. Für mich war dies ein unwahrscheinlich kritischer Augenblick. Während ich den Motor anwarf und versuchte, den Gang einzulegen, wurde mein Boot durch die Strömung jedesmal so gedreht, daß es mit dem Bug zum Ufer zeigte. Ich schaffte es einfach nicht, gleichzeitig zu fahren und zu wenden, und würgte vor Aufregung den Motor ab. Und dann begann alles wieder von vorne. Auf dem Bug stehend, stieß ich mich mit einer langen Stange ab, sprang über Gepäckstücke und Hund zum Heck und warf den Motor an. Er »versackte«. Ich lief wieder zum Bug des Bootes... Trotz alledem aber kam ich schließlich von dieser Landzunge fort.

Nachdem wir noch einige Kilometer bikinabwärts gefahren waren, bogen wir scharf nach rechts in einen relativ ruhigen Wasserarm ein. Nikolais Boot stieß weich gegen das feuchte Ufer. Meine Fregatte flog fast bis zur Hälfte aufs Trockene.

»Da sind wir«, sagte Nikolai. »Du wirst also hier deine Fischuhus suchen und gleichzeitig lernen, wie man mit einem Motor umgeht. Falls du in einer Woche nicht in Jar bist, schaue ich am Sonntag bei dir vorbei.«

So begann für mich die neue Saison.

Grüß dich, Bikin!

Die ersten drei Nächte hörte ich nicht einmal die Stimmen der Riesenfischuhus. Aber es war unwahrscheinlich schön, nach der langen Unterbrechung wieder in dem mir wohlbekannten Wald zu sein! Man hätte direkt singen, Verse aufsagen, lachen, die Bäume begrüßen mögen, die Vögel und das Wild. Und wie tief holt man vor Erregung Luft, wie sehr freut man sich, Vertrautes wiederzusehen. Heute zum Beispiel riefen beinahe bis zum Morgen im Auwald am Bikin die Habichtskäuze. Ich kenne diese dunkeläugige graue Eule gut. Viele Male habe ich sie auch im europäischen Teil der Sowjetunion aufgespürt, wo sie ihre Jungen in offenen Greifvogelnestern aufzieht, und im Primorje, wo sie in der Regel in Höhlen nistet.

Der Balzruf des Habichtskauzes ist ein wehmütiger, dumpfer Laut aus drei Elementen, etwa ein »Huiuiuii-huii-huii«. Dabei wird die Pause zwischen dem ersten langen Element und den beiden folgenden oft auf einige Sekunden ausgedehnt. Die beiden kurzen Silben werden eilig hintereinander hervorgebracht. Diese Eule kann auch wie ein heiseres Hündchen bellen. Um mir die Schläfrigkeit zu vertreiben, machte ich mich manchmal daran, die Habichtskäuze nachzuahmen. Ich imitierte ihren Ruf, wodurch es mir gelang, sie ganz nahe heranzulocken. Mich belustigte immer wieder das verstörte, glotzäugige Gesicht des Vogels, wenn er an Stelle des erwarteten Artgenossen einen Menschen vorfand. Die Eule klimperte bald mit dem einen, bald mit dem anderen Lid, ich aber kicherte frech.

An einem meiner ersten Tage am Bikin fand ich eine Höhle, in der eine Mandarinente wohnte. Und das ergab sich so:

Es war schon ganz hell, als über das Ufer des Flußarmes, wo ich auf den Sonnenaufgang wartete, ein Mandarinentenpärchen mit Balzrufen hinwegflog – vorneweg, zärtlich schnatternd, das unscheinbare Weibchen, gefolgt von dem frühlingsselig pfeifenden, herrlich gefärbten Erpel. Die Vögel flogen über dem Wasserlauf dahin, kehrten um, beschrieben einen Kreis über dem Wald und tauchten wieder über mir auf. Im folgenden Augenblick landete das Weibchen nach einer scharfen Kurve auf dem waagerechten Ast einer ausladenden Ulme. Der Erpel hingegen flog vorbei. Brav trippelte das Weibchen etwa einen Meter auf dem Ast entlang, flatterte herunter und verschwand in einer kleinen Höhle. Der Erpel kreiste einige Male über dem Wald und ließ sich dann ebenfalls auf dem Baum nieder. Er sah sich ratlos um und pfiff lokkend. In der Höhle aber legte das Weibchen seine Eier. An diesem Tage war es das dritte.

Am Bikin ist die Mandarinente häufig, und ich staune jedes Mal aufs neue über die Pracht der Frühjahrsfärbung des Erpels. In seinem Gefieder vereinigen sich metallisches Grün, Gelb, Purpur, Rot und andere Farben. Den Kopf schmückt eine Haube, die von oben bronzefarben bis rotbraun und von unten glänzend grünblau gefärbt ist. Einige Flügelfedern haben verbreiterte Fahnen und sind stark nach oben gebogen. Beige gefärbt stehen sie wie ein Segel zu beiden Seiten des schwimmenden Vogels ab. In vielen Ländern werden Mandarinenten eigens gezüchtet und auf Teichen zur Zierde ausgesetzt.

Einmal gelang es mir, zu beobachten, wie sich bei diesen wunderlichen Vögeln die Partner finden. Bei ihnen wählt sich das Weibchen das Männchen, und nicht umgekehrt wie bei den meisten Enten. Das Weibchen hält auch eifersüchtig alle weiteren

Weibchen von ihrem Auserwählten fern. Das Männchen tut das nie, es hat nur die eine Sorge – seine ihm Bestimmte nicht aus den Augen zu verlieren.

Irgendwo abseits pfeift wie auf einer Zauberflöte ein Maskenkernbeißer sein schlichtes, aber sehr inniges Lied. Ich kenne diese Vögel gut und weiß, wie sie aussehen. Wenn das Weibchen auf dem Nest sitzt, hat man den Eindruck, über den Nestrand hänge nicht ein Vogelschnabel herab, sondern eine große kräftig gelbe Eichel. Ich weiß auch, daß das Männchen, das eben gepfiffen hat, nicht allein ist. Womit sich die Maskenkernbeißer auch beschäftigen – ob sie Futter suchen, singen, ihr Nest bauen oder die Jungen hudern, immer hält sich neben dem Weibchen das Männchen auf. Enger miteinander verbundene Paare lassen sich im Wald schwerlich finden.

Recht vertraut begrüßten mich die Schwanzmeisen. Sie kamen ganz nahe herangeflogen, hingen sich an dünne Zweiglein, blitzten mit ihren Glasperlenaugen und zirpten geschäftig ihr »Tscherr, tscherr, tscherr«. So tun diese Vögel ihre Aufregung kund, mir aber schien, als begrüßten sie mich. Eine der Schwanzmeisen trug ein Federchen im Schnabel, und das hieß, daß sie nicht nur schon ihr Nest hatten, sondern dies bereits fertiggestellt war und die Vögel jetzt mit der Auspolsterung beschäftigt waren. Ich nahm sogar meine Baskenmütze ab und entbot den kleinen Meisen meinen Gruß.

Dabei blieb mein Blick unwillkürlich an dem daran befestigten Bronzeanstecker hängen. Ein Uhu war darauf abgebildet. Diesen kleinen Talisman hatte mir, noch in Leningrad, mein Freund geschenkt, ebenfalls ein Naturliebhaber und »Naturbursche«. Ich mußte unwillkürlich lächeln, als ich mich daran erinnerte, wie er mir zum Abschied etwas Freundliches sagen wollte und mir versicherte, daß mich dieser Talisman ganz bestimmt zum Nest der Fischuhus führen werde! Nun gut, hoffen wir es.

Mein Gedankengang wurde unterbrochen durch den hellen Ruf des Habichtsbussards. Seinem Äußeren nach ist dieser Vogel eine Art Mittelding zwischen Mäusebussard und Weihe. Schon gestern bemerkte ich, daß er auf der anderen Seite des Wasserlaufs auf einer alten Talulme mit dem Nestbau begonnen hatte. Und auch jetzt, da er der Umgebung mit seinem »Tschik-k-e-i« seine Anwesenheit kundtat, trug er in seinen dünnen Fängen ein Zweiglein. Das Nest wird in zwanzig Meter Höhe errichtet. Bei diesem Greifvogel fallen Nestbau und Balz zeitlich zusammen. Die Balz des Habichtsbussards ist etwas ungewöhnlich. Der Vogel fliegt über den höchsten Baumwipfeln dahin und schlägt dabei unnatürlich und krampfhaft mit den Flügeln. Wenn er einen Landeplatz ausgemacht hat und ihn anfliegt, wiederholt er schnell hintereinander sein »Tschik-k-e-i«, bis zu acht- oder zehnmal, und mit dem letzten dieser Schreie landet er. Wenn er bereits sitzt, ruft er noch zweimal, dann verstummt er. Der Balzflug strengt den Vogel sichtlich an. Bevor er wieder auffliegt, muß er sich unbedingt etwa zwei Minuten ausruhen. Dann beginnen Flug und Rufe von neuem. Schon höre ich ihn wieder herausfordernd über den noch winterlich kahlen Bäumen rufen.

Die Sonne hatte sich schon längst über der Bikinaue erhoben, und ich saß immer noch auf meinem alten Platz. Direkt mir gegenüber, auf einer Steinbirke, hingen vier Erlenzeisige. Sie pickten eifrig die Kätzchen aus, daß die leichten braunen Knospenhüllen nach unten flogen. Irgendwo in den Sträuchern des noch lichten Spierstrauches riefen Primorje-Gimpel. Ihr Gesang, ein »U-u-eee«, hört sich eher an wie das Knarren eines Baumes im Wind als wie eine Vogelstrophe. Die europäischen Gimpel haben fast die gleiche Stimme. Allerdings sind diese ausgesprochen schöne Vögel; die rotgefärbte Brust des Männchens muß man immer wieder bewundern. Die Gimpel aber, die hier am Bikin leben, sind mattgrau und unansehnlich. Nur bei einigen von ihnen kann man bei genauem Hinsehen einen leichten schmutzig-rosafarbenen Anflug entdecken. Trotzdem bereiteten sie mir Freude.

Die ersten Tage nach meiner Ankunft war ich, genau wie im letzten Jahr, rund um die Uhr auf den Beinen. Zu aller meiner Arbeit und den Sorgen kam nun noch das Boot hinzu. Tschuk allein weiß, wieviel Kraft, Nerven und Zeit ich verbrauchte, um den störrischen Motor in den Griff zu bekommen. Die Bolzen, die die Schraube hielten, hatte ich schon beim Einschalten des Gangs »zur

Strecke gebracht«. Ich kann gar nicht zählen, wie oft ich sie abriß, wenn ich auf Sandzungen auffuhr oder mit Stämmen kollidierte, die bikinabwärts schwammen. Allein am ersten Tag mußte ich siebenmal die Schraube abnehmen und den Stift erneuern. Der Vorrat an Nägeln, aus denen ich sie an Ort und Stelle herstellte, schmolz dahin wie Frühlingsschnee. Und erst die Ängste, die ich ausstehen mußte! Wie durch ein Wunder passierte ich zwar enge Stellen und Wirbel, aber die Angst blieb. Ein mutiger routinierter Motorbootfahrer wurde ich erst am dritten Tag, und das ging so zu:

Ich schaute bei einem Imker herein, dessen Hütte einsam am Fluß stand, um mich mit ihm über Vögel zu unterhalten. Erhitzt, wie ich war, trank ich in einem Zug ein Glas Honigwein; das Getränk war etwas alkoholhaltig. Ich verabschiedete mich von dem alten Mann, setzte mich ins Boot und – der Motor sprang schon nach einer halben Umdrehung an, was bisher bei weitem nicht immer der Fall gewesen war. Mein Boot kam flott, fast auf der Stelle in Gang und schoß auf die Strommitte zu. Ich wußte gar nicht, wie mir geschah, aber Angst verspürte ich überhaupt nicht. Ich gab etwas mehr Gas und raste, geschickt zwischen mir entgegenkommenden Stämmen manövrierend, den Fluß aufwärts. Den folgenden Nachmittag fuhr ich keinen einzigen Stein an, riß ich nicht einen einzigen Bolzen ab! Nach diesem Zwischenfall glaubte ich endlich an meine Fähigkeiten, und ich bin den ganzen Sommer gut gefahren. Es gab nur kleine, auf einem Gebirgsfluß unvermeidliche Havarien. Meine Furcht verwandelte sich von diesem denkwürdigen Tag an in Sicherheit und kühle Berechnung. Jetzt wurde ich am Steuer nicht mehr müde und konnte auch ruhig Umschau halten. Meine Fahrten auf dem Bikin gehörten jetzt zu meinem Alltag.

Auch jetzt fahre ich gerade allein im Boot auf dem brodelnden Fluß und schaue ruhig in die Ferne. Voraus fliegt genau meinen Kurs ein Fischadler. Das ist ein großer prächtiger Greifvogel, der im europäischen Teil der Sowjetunion fast ganz verschwunden, hier aber noch häufig zu beobachten ist. Er ernährt sich von Fisch. Ich sehe, wie er plötzlich nach unten schießt. Eine Fontäne von

Spritzern steigt auf. Aber das Glück ist dieses Mal dem Fischer nicht hold gewesen. An Höhe gewinnend, fliegt der Adler weiter flußaufwärts. Plötzlich bleibt er scheinbar in der Luft stehen. Im nächsten Augenblick stehen ihm alle Federn zu Berge, und der Vogel in seinem Federkleid zuckt zusammen. Ein Regenbogen leuchtet in den Spritzern auf. »So schüttelt sich der Fischadler also aus« – wurde mir etwas später klar. Das war ja höchst interessant! Im Flug! Alle Vögel, die ich kannte, schütteln nur auf der Erde oder auf einem Ast sitzend das Gefieder aus. Aber daß das einer in der Luft machte, das sah ich zum ersten Mal in meinem Leben. Als ich jedoch gründlicher darüber nachdachte, kam ich zu dem Schluß, daß Vögel, die ihr Leben größtenteils über offenem Wasser verbringen, so handeln müssen. Der Fischadler kann ja nicht nach jedem Beutesturzflug ans Ufer fliegen und sein Gefieder ausschütteln! Mit einer großen Beute und durchnäßtem Gefieder erreicht man überhaupt nicht erst das feste Land.

Am Abend des dritten Tages hatte ich noch mehr Glück. Ich hörte den Ruf des Riesenfischuhus – in diesem Jahr das erste Mal.

Gefunden!

Die Ereignisse der folgenden Nächte könnten beinahe Ausgangsmaterial für einen Krimi abgeben. Da war alles drin: unheimliche Schreie in der Nacht, sich verlierende Spuren, Verfolgung und ein Happy-End...

4. Mai. Um Mitternacht hörte ich zehn Kilometer oberhalb meines provisorischen Rastplatzes am Bikin zwei Riesenfischuhus. An der Stimme erkannte ich, daß es sich um zwei junge Vögel handelte, die wahrscheinlich während der Vorjahrssaison das Nest verlassen hatten. Gegen Morgen begab sich dieses Paar vom Futterplatz weg etwa einen Kilometer flußaufwärts, danach verlor ich seine Spur. Meine Suche tagsüber blieb ohne Ergebnis.

5. Mai. Spät in der Nacht stieß ich wieder auf die Fischuhus. Dieses Mal gelang es mir, herauszufinden, daß außer den beiden

in der letzten Nacht festgestellten Jungvögeln in diesem Gebiet mindestens auch noch ein Altvogel sein Revier hat. Sein Erscheinen war von erregten Rufen und Pfiffen der Jungen begleitet. Etwa eine Stunde später erhoben sich alle drei Uhus plötzlich und flogen den Bikin aufwärts. Das letzte Mal gaben sie ungefähr an der Stelle Laute, wo ein hundert Meter hoher Granitfelsen über dem Fluß hängt. Sollte sich das Nest etwa irgendwo in einem Spalt dieser unbezwingbaren Wand befinden?

6. Mai. Seit dem Abend saß ich unter dem Felsen und ließ ihn nicht aus den Augen, auch lauschte ich aufmerksam auf jedes Geräusch, auf jeden Laut. Aber es ging nun schon auf drei Uhr nachts, und ich hatte nichts gefunden, was darauf hindeutete, daß sich Fischuhus an diesem Platz aufhielten. Schon kamen mir Zweifel. Verfolgte ich etwa die Spur in der falschen Richtung, das heißt, nicht zum Nest hin, sondern von ihm weg?

Vor Sonnenaufgang jedoch hörte ich die Riesenfischuhus wieder rufen. Die Vögel heulten fast gleichzeitig aus unterschiedlichen Richtungen. Und obwohl die Rufe von weither kamen und sich die Stimmen zu einem einzigen gedehnten Heulton vereinigten, sagte mir meine innere Stimme oder vielleicht auch die Erfahrung, daß es junge Vögel waren, die stromab riefen. Ich mußte also weiter aufwärts ziehen, wo die Altvögel riefen.

Trotz der nächtlichen Stunde und der Dunkelheit warf ich den Motor an und stieß das Boot vom Ufer ab. In völliger Finsternis »kroch« ich mit geringer Tourenzahl den Bikin aufwärts. Schwarzes aufblitzendes Wasser strömte mir entgegen. Einige Male stellte ich den Motor ab und horchte. Als es dämmerte, war ich fünf Kilometer von Krasny Jar weg. In der morgendlichen Stille glaubte ich in der Siedlung die Hunde bellen zu hören.

Die Nähe menschlicher Wohnstätten ließ mich wieder an der Genauigkeit meiner nächtlichen Beobachtungen zweifeln. Aber ein Irrtum war so gut wie ausgeschlossen. Genau hier, fünf Kilometer von Krasny Jar weg, gegenüber der Olonskaja Sopka, hatten vor der Morgendämmerung die Fischuhus das letzte Mal geschrien. Wie ein Rassevorstehhund suchte ich den ganzen folgenden Tag mit meinem Kahn die nächstgelegenen Inseln ab, doch außer Kot unter den Bäumen und zwei Vogelfedern fand ich nichts.

7. Mai. Am Abend machte mich Nikolai Sigde auf einem Bikinarm ausfindig. Er war schon an meinem Rastplatz gewesen, den ich unterhalb zurückgelassen hatte, und suchte mich jetzt am ganzen Strom. Nikolai bot mir seine Hilfe an: Er wollte mich zum Oberlauf bis an die Mündung der Lesnucha, der Puschnaja, ja noch weiter begleiten. Ich wußte nicht, was ich ihm antworten sollte, da ich fest daran glaubte, daß es auch hier Fischuhus gäbe. Er fragte mich nicht einmal, ob ich denn jetzt mit dem Motor zurechtkäme, und ich brachte die Rede auch nicht darauf, obwohl ich gern über meinen Erfolg gesprochen hätte.

Vom Osten kam Regen auf. Nikolai warf einen Blick zum Himmel und riet mir, in die Siedlung zu fahren und mich etwas auszuruhen. Übermorgen war nämlich der 9. Mai, der Tag des Sieges, und in Jar würde ein großes Volksfest stattfinden, wie er sagte. Ich schwankte. Wir saßen und rauchten, und die Zeit verging. Die Fischuhus selbst entschieden schließlich alles. Als sich der Schatten der Olonskaja Sopka auf das gegenüberliegende Bikinufer schob, riefen dort gleichzeitig zwei Vögel.

»Nein, ich bleibe. Ich kann von hier nicht weg!« sagte ich zu Nikolai.

Bald darauf fing es leise an zu regnen. In der Ferne verhallte der Lärm von Nikolais Motor. Unter einem umgestürzten Baum fand ich einen Platz, wo ich nicht so arg vom Regen durchnäßt wurde, und saß dort die ganze Nacht. Einen Fischuhu hörte ich nicht mehr.

8. Mai. Am Tage durchstreifte ich mehrere Male den Bereich, wo meiner Meinung nach am Abend die Fischuhus gerufen hatten – wieder nichts.

Um zwanzig Uhr zehn, genau zur gleichen Zeit wie gestern und ungefähr an der gleichen Stelle, hörte ich wiederum Schreie von Fischuhus. Das Revier war mir jetzt schon etwas bekannt, ich konnte genauer ausmachen, woher die Laute kamen – hundertfünfzig Meter vom Bikin entfernt und etwa siebzig Meter von einem seiner Nebenarme. Von dort hörte man sie auch um ein Uhr nachts und morgens vor Anbruch der Dämmerung. Das besagte doch schon etwas! Die Erregung packte mich. Es sah so aus, als ob ich hier das Nest finden sollte!

Der Auwald stand noch kahl, man konnte hindurchblicken. Die trockene Ulme mit dem abgebrochenen Wipfel war schon von weitem zu sehen. Den unteren Teil des abgestorbenen Riesen bedeckte frisch grünendes Faulbeerjungholz. Ich hatte mich schon daran gewöhnt, alle Bäume der Reihe nach zu mustern. Meine von schlaflosen Nächten entzündeten Augen taten ganz mechanisch ihren Dienst, mein Blick glitt routinemäßig auch an diesem trockenen Baum von oben nach unten entlang. Aber irgend etwas hielt ihn auf. Ich blieb stehen, sah genauer hin, konnte aber nicht begreifen, was es an diesem Baum Besonderes gab. Eine Höhlung war nicht zu sehen. Doch der Blick blieb beharrlich an der Stammmitte hängen. Aber da flogen doch ein paar große Fliegen herum! Bei den anderen, zuvor abgesuchten Bäumen hatte ich dergleichen nicht ein einziges Mal gesehen. Eine Ahnung kam mir, mir wurde beklommen ums Herz. Behutsam auftretend, damit ja kein Zweiglein knacken konnte, und die trockene Ulme nicht aus den Augen lassend, ging ich um den Stamm herum. Da zeigte sich der Teil einer Höhlung, und nun sah ich die große Nische auch ganz. Sechs, sieben Meter trennten sie von der Erde. Ich begriff noch nicht recht, was geschehen war, starrte in das Dunkel der Höhle und erblickte dort – den Kopf eines Riesenfischuhus! Aus unerfindlichen Gründen flog der Vogel nicht ab. Es war mir wie ein Traum...

Langsam drang mir ins Bewußtsein, daß mich aus der Höhlung kein ausgewachsener Vogel anblickte, sondern ein schon großer, fast ganz befiederter Jungvogel. Noch langsamer registrierte der Verstand, daß ich endlich das Nest eines Riesenfischuhus gefunden hatte. Das Bewußtsein spaltete sich, wie im Halbschlaf etwa. Ich sah mich mit fremden Augen und wunderte mich ehrlich, daß ich vor Freude keinen Luftsprung tat, höher als die Bäume, daß ich nicht durch den ganzen Wald hurra schrie. Dieses mein zweites Ich, das da irgendwo abseits stand, war gleichfalls nicht froh. Mit herablassendem Lächeln zeigt es mir nur den reichlich ringsum verspritzten Kot, die am Rand der Höhle und an den zunächst ste-

77 Udehe-Jäger bei einer Rast am Bikin

78 Am Ziel meiner Träume und Wünsche: Ich sah den Riesenfischuhu!

79 Hier war das Jagdrevier »meiner« Fischuhus

80 Der bunte Tannenschnäpper, bei dem das Weibchen ein unscheinbares Kleid trägt, bewohnt die Nadelwälder der südostsibirischen Taiga zwischen Altai und Ochotskischem Meer

81 Ein sibirischer Meisengimpel

82 Das Gefieder des Schildkauzes ist oben dunkelbraun, unten dunkel getropft

83 Ein besonders prächtiges Federkleid trägt das Sternrötel. In der Kropfmitte leuchtet ein weißer Stern

84 Blaue Töne verschiedener Tiefe und Leuchtkraft kommen bei vielen Schnäppern vor. Hier der sperlingsgroße Blauschnäpper

85 Die Heimat der Blaunachtigall erstreckt sich vom Altai über Südsibirien und Nordchina bis Japan

86 Das Sichelhuhn unterscheidet sich vom Haselhuhn durch seine dunklere Färbung

87 Sattes Narzissengelb an Bürzel, Kehle, Brust und Braue schmückt den etwa 13 cm großen, oberseits schwarzen Narzissenschnäpper

88 Der sehr kleine, relativ seltene Rostseitenbrillenvogel trägt einen auffälligen weißen Ring um die Augen

89 Das Gelbfußlaufhühnchen, bei dem das Weibchen auffälliger gefärbt ist als das Männchen, ist ein Zugvogel, über den noch sehr wenig bekannt ist

90 Die im Fernen Osten verbreitete Gimpelart Pyrrhula cineracea ist etwas blasser gefärbt als die in Europa vorkommenden

91 Seines herrlichen Gesangs und seines prächtigen Gefieders wegen wird das Rubinkehlchen auch gern in Käfigen gehalten

92 Von allen anderen Kranichen unterscheidet sich der äußerst seltene Mönchskranich durch seine schwarze Färbung; Hals und Kopf sind weiß

93 Die Gelbhalsammer baut ihr Nest auf der Erde

94 Hier füttert eine Schwarzhalsammer einen Jungkuckuck

95 Der Große Maskenkernbeißer ist so groß wie ein Star. Er ernährt sich von Obstkernen, von »Nüssen« der Zirbelkiefer und von Insekten

96 Die Ostasiatische Zwergohreule ist ein ausgesprochener Nachtvogel

7
7

80

81

82

83

84

85

86

87

88

89

henden Bäumen zitternden Flaumfedern, die auf der Erde liegende, abgenagte Mittelgräte eines großen Fisches. Alles dieses hätte ich schon von weitem sehen müssen, aber ich hatte nur die Fliegen bemerkt! Um mich vor meinem »Doppelgänger« zu rechtfertigen, sagte ich ihm etwas schwunglos, daß ich das Nest des Riesenfischuhus ja nun trotzdem gefunden hätte...

Ich stand da, ohne mich zu rühren. Dann setzte ich mich. Der Jungvogel betrachtete mich immer noch von oben mit seinen runden hellorangefarbenen Augen. Er hatte noch nie einen Menschen gesehen. Ich kam mir vor wie jemand, der gerade ein schwieriges Examen abgelegt hat, sich danach wie ausgeleert fühlt und nicht weiß, was er weiter tun soll. In den vielen Jahren der Suche, in den tausend schlaflosen Nächten, in denen ich wer weiß wie oft wie ein Kind hochgefahren war, allein in der Hoffnung, jeden Augenblick das Nest des Fischuhus zu finden, war mir meine Freude wohl abhanden gekommen. Jetzt war ich nur noch ganz einfach ratlos. Der Jungvogel spürte wohl inzwischen, daß etwas nicht geheuer war, legte sich auf den Boden der flachen Höhlung und ward nicht mehr gesehen.

Mindestens eine Stunde brauchte ich, um wieder zu mir zu kommen. Dann lief ich aus unerfindlichem Grund zu meinem Boot, kehrte aber auf halbem Weg wieder um, da mir einfiel, daß ich den Platz, wo die dürre Ulme stand, schlecht markiert hatte. Danach eilte ich, fast im Laufschritt, wieder am Ufer entlang. Am Boot angekommen, schlang ich beide Arme um Tschuk, den ich dort zurückgelassen hatte, und wirbelte mit ihm am Ufer herum wie ein Kreisel. Tschuk dachte, ich wollte mit ihm spielen, und bellte.

Zu Tode erschrocken, daß das Bellen die Uhus verscheuchen könne, schrie ich unbeherrscht auf den Hund ein. Tschuk verstand nicht, was los war, und lief beleidigt mit eingezogenem Schwanz zum Boot. Ich begann auf der Stelle Pflöcke für das Zelt abzuschlagen, aber da fiel mir ein, daß das Zelt ja auf dem letzten Rastplatz geblieben war, und wieder stand ich ratlos da. Schließlich verwünschte ich mich selbst gleich pauschal wegen allem und rief mich zur Ordnung und zur Konzentration.

11–900

Nach der zweiten Zigarette schien mein Plan, wie es weitergehen sollte, klare Formen anzunehmen. Ich mußte so schnell wie möglich meine Sachen vom verlassenen Lager holen und dann nach Krasny Jar fahren. Dort würde ich Nägel besorgen, um eine Leiter zu zimmern, und Lebensmittel sowie alle Gerätschaften mitnehmen, die ich bei Pokula zur Aufbewahrung hinterlassen hatte.

Mit strahlendem Gesicht hielt ich Einzug im festlich geschmückten Krasny Jar. Ich glaubte höchstens zehn Udehe von meinem Fund erzählt zu haben, aber da stellte sich unerwartet heraus, daß es in der ganzen Siedlung keinen Menschen mehr gab, der nicht schon wußte, daß der »Leningrader Wissenschaftler« das Nest des Riesenfischuhus gefunden habe. Die Jäger, die wußten, was es bedeutet, in der Taiga zu leben, freuten sich über meinen Erfolg wie über einen eigenen. Alle beglückwünschten mich und lobten mich in höchsten Tönen. Besonders aber rührte mich, was Pokula sagte:

»Du bist einer, der weiß, was er will; dich würde ich in meine Brigade aufnehmen.«

Diese treuherzigen Worte des besten Jägers von Jar trieben mir wie einem Schuljungen das Blut ins Gesicht. Für mich waren sie die höchste Auszeichnung. Nicht in der Stunde, da ich das Nest des Fischuhus gefunden hatte, sondern erst jetzt, unter den Jägern, war ich wirklich glücklich.

Am nächsten Morgen, es dämmerte noch, verließ ich das Dorf, das nach dem Feiertag noch schlief. Nur Großvater Lenkui sah mich abfahren. Er kam zu mir heran und sagte ernst und leise, als wenn uns jemand hätte belauschen können:

»Du bindest den Hund am Boot fest, das ist nicht richtig. Auf dem Bikin kann alles mögliche passieren. Du selbst kannst dich, so Gott will, schwimmend retten, aber den Hund ertränkst du.«

Nach diesen Worten war meine glückliche Sorglosigkeit wie verflogen. Als ich vom Ufer abstieß, stand in meinem Gesicht kein selbstgefällig-dummes Lächeln mehr. Eine neue Etappe meiner Arbeit begann. Jetzt galt es, sich auf Beobachtungen des Nestlebens des Riesenfischuhus vorzubereiten.

Den ganzen Tag hatte ich alle Hände voll zu tun. Nikolai Sigde, der gekommen war, um sich das Nest des Fischuhus anzusehen, half mir die Leiter zimmern und am Nest aufstellen. Als ich den Baum hinaufkletterte, erwartete mich eine angenehme Überraschung: Das Nest enthielt nicht einen, sondern zwei Jungvögel!

Die meiste Zeit brauchte ich für die »Elektrifizierung« des Nestes. Erstens hängte ich in der Höhle selbst ein elektrisches Lämpchen auf, damit ich nachts sehen konnte, was sich im Nest tat. Zweitens installierte ich neben der Einflugöffnung zwei Reflektoren mit je vier Lampen vom Blitzlichtgerät, mit deren Hilfe ich nachts Dokumentarfotos machen konnte.

Endlich waren alle Beleuchtungsgeräte aufgehängt, zahllose Kabel am Baum befestigt und getarnt. Zehn Meter vom Nest entfernt stellte ich versteckt ein kleines Zelt auf. Dorthin kamen Optik und Schlafsack. Etwa eine Stunde arbeitete ich mit Nikolai am Ufer des Flußarmes, um eine Anlegestelle zu bauen. Daneben errichteten wir das große Zelt und trugen das Gepäck aus dem Boot hinein. Für alles bis auf kleinste schien Vorsorge getroffen zu sein.

Gegen Abend fuhr der Udehe weg. Tschuk band ich am Eingang des großen Zeltes fest und begab mich zum Nest. Dort, in meinem kleinen Versteck, saß ich die ganze Nacht.

Das Duett

Am Nest des Riesenfischuhus verbrachte ich ohne Ablösung rund um die Uhr neunzehn Tage und Nächte hintereinander, und fast jede Nacht entdeckte ich etwas Neues im Leben dieser bisher kaum erforschten Vögel.

Bereits in den ersten Nächten stellte ich fest, daß das dumpfe, allmählich leiser werdende »Huu-huuuu« zum Männchen gehörte. Ich kannte mich bis ins Detail bei diesem und anderen Rufen des Riesenfischuhus aus, da die Vögel ihre Stimme oft direkt über meinem Versteck hören ließen, ohne sich durch meine Anwesenheit stören zu lassen. Aus großer Entfernung klang einem der Lockruf noch dumpfer – »Hiui-uiuiui«. Ich stellte mit der Stoppuhr sogar seine Dauer fest. Sie betrug etwa drei Sekunden.

Einen Ton tiefer, aber insgesamt lauter und gedehnter ruft das

Weibchen des Riesenfischuhus. Aus der Ferne klingt sein Ruf wie ein hallendes »Uiuiui-huiuiuiuiuiui«. Wenn das Weibchen aber in der Nähe ruft, kann man in seinem Heulen leicht drei »Silben« ausmachen: »Uiuiui-huiui-huiuiuiuiui«. Sein Schrei steht etwa vier Sekunden lang in der Luft. In den Rufen der Fischuhus fällt die Betonung immer auf den Beginn jedes Lautes.

Jetzt konnte ich schon mit Bestimmtheit sagen, daß die Rufe, die ich im Vorjahr an Pokulas Winterhütte und an der Landzunge des Bikin bei der Baracke an der Lesnucha gehört hatte, von einem Fischuhu-Weibchen stammten. Von den Vögeln, die ich im selben Jahr an dem fernen Flußarm beobachtet hatte, war der, den ich den ganzen Tag »gehütet« hatte, ein Männchen und der zweite, der ihm aus dem Zedernwald antwortete, ein Weibchen. Deren Stimmen waren allerdings weniger kräftig als die meiner Fischuhus am Nest. Aber so mußte es auch sein. Jenes Paar war jung, mit noch ungekräftigten Kehlen, meine Uhus hier aber waren ausgewachsene, kräftige Vögel.

Die einzelnen Rufe von Männchen und Weibchen haben beim Fischuhu eine ähnliche Aufgabe wie die Rufe von Pilzsuchern im Wald. Mit ihrer Hilfe halten die Paare den Kontakt untereinander aufrecht, und noch unverpaarte Vögel finden einander.

In der ersten in meinem Versteck am Nest verbrachten Nacht war ich unbeschreiblich verwundert, als ich mit eigenen Augen die Balz der Riesenfischuhus beobachtete. Ich hörte dabei zwar nichts für mich Neues, aber das, was ich sah, war unwahrscheinlich interessant und unerwartet.

Um 20 Uhr 8 Minuten baumte auf einer alten Erle, die ihre ausladenden Zweige fast bis auf mein getarntes Zelt herabhängen ließ, ein zerzaustes Männchen auf. Nachdem es mit seinen blaßgelben Augen seine Umgebung gemustert hatte, rief es böse, so schien es mir wenigstens, in Richtung Westen. Hinter seinem Rücken, von irgendwoher aus dem Zedernwald, der sich an den Auwald anschloß, meldete sich augenblicklich schallend das Weibchen. Dessen tiefes »Uiuiui-huiuiuiui« hing lange in der feuchten Dämmerung. Einige Minuten später ließ es sich, nachdem es von verschiedenen Plätzen her gerufen hatte, endlich schwerfällig auf dem Zweig neben dem Männchen nieder. Die Vögel musterten einander kritisch, warfen einen flüchtigen Blick auf die Jungen, die die beiden Alten nicht aus den Augen ließen, und begannen plötzlich angestrengt zu rufen. Das war ihre Balz.

Ich blickte auf die Vögel und konnte nicht fassen, daß der von mir schon so oft gehörte Balzgesang, den ich immer für den Ruf des Männchens gehalten habe, in Wirklichkeit nichts anderes war als ein Duett. Zwei Vögel waren es, die da vor mir ihr Lied sangen. In strenger Reihenfolge kamen die Laute von Weibchen und Männchen. Aber das geschah so fließend im Einsatz, daß ich es, wenn ich es nicht persönlich miterlebt hätte, wohl schwerlich geglaubt haben würde.

Aufs höchste beeindruckt, ließ ich die Uhus nicht aus den Augen. Die Vögel legten zwischen den einzelnen Strophen einige Sekunden Pause ein und ließen in rhythmischer Folge in dem zur Nacht still gewordenen Wald neue und immer wieder neue Baßlaute hören.

Den Liebesgesang der Riesenfischuhus könnte man schematisch als Serie tiefer, dumpfer Laute darstellen: »Huu... uiuiui... huuuu... huiui-huiuiuiuiuiui«, dann folgt eine Pause, und die Laute wiederholen sich in derselben Reihenfolge. Dabei werden der erste und der dritte Ruf vom Männchen, der zweite und vierte vom Weibchen vorgetragen. Der ganze Gesang dauert nicht länger als acht Sekunden.

In der Zeit, in der ich die Fischuhus beobachtete, habe ich viele Male ihren Balzgesang gehört, und fast immer war das Männchen der Vorsänger. In den wenigen Fällen, da das Männchen, durch irgend etwas abgelenkt, zögerte, begann das Weibchen den Gesang, dabei änderte sich das »Motiv«, und das Lied klang anders. Aber als ob das Weibchen bemerkt hätte, daß die Töne durcheinandergekommen wären, verstummte es bald, und das nächste Lied begann wieder das Männchen. Und von neuem tönte es wie dumpfer Trompetenschall durch die abendliche Aue.

Das Liebesduett meiner Fischuhus hörte ich nur in ihrem Brutrevier oder in seiner unmittelbaren Nähe. Daraus könnte man praktische Schlußfolgerungen ziehen: Sucht man die Nester dieser

Eulen, muß man sich an deren Duett orientieren und nicht an vereinzelten Rufen und an den Wechselrufen von Männchen und Weibchen, gleich gar nicht an den Stimmen der Jungvögel, hinter denen ich noch kürzlich eifrig her war. Hätte ich das früher gewußt, hätte ich das Nest der Riesenfischuhus schon längst gefunden.

Die Uhus über mir sangen nun schon zwanzig Minuten, ohne aus dem Rhythmus zu kommen. Bald der eine, bald der andere Vogel machte vor Anstrengung vor dem nächsten Ruf einen krummen Rücken und zog den Kopf ein. Dann schwollen den Vögeln die Hälse, das Gefieder sträubte sich und vibrierte leicht im Takt der ausgestoßenen Laute. Dabei spreizten sich die weißlichen Federn an der Kehle noch weiter, so daß ihre Kiele noch deutlicher wurden und zu leuchten schienen. Und so sah man in der zunehmenden Dämmerung gegen die dunklen Zweige und den grauen Himmel bei jedem Ruf unter den Schnäbeln der balzenden Vögel nur noch jenen hellen Fleck aufblitzen...

Da sitze ich nun in meinem engen Zelt und mache mir meine Gedanken darüber, wie wunderlich das Leben der Riesenfischuhus doch eingerichtet ist. Ihr Arbeitstag beginnt mit einem Duett. Nicht mißmutig, nein, mit Schwung fliegen sie jetzt auf Jagd aus. Einfach toll!

Entschieden anderer Meinung allerdings waren die Jungvögel, die den ganzen Tag lang gehungert hatten. Ihre Geduld war jetzt zu Ende. Sie warteten nicht ab, bis das Duett verklungen war, begannen vielmehr einen Heidenspektakel und forderten von den Eltern Nahrung. Denen war jetzt die Laune verdorben, und im nächsten Augenblick hatte der nächtliche Wald ihre undeutlichen Schatten verschlungen. Die Eulennacht begann.

Gesprächspartner Riesenfischuhu

Das Vokabular der Riesenfischuhus beschränkte sich aber nicht auf dumpfe Lockrufe und Liebesduette. Bei meinen Beobachtungen gelang es mir, auch andere von ihnen hervorgebrachte Laute sozusagen in die menschliche Sprache zu übertragen.

Bereits früher hatte ich, besonders oft an Futterplätzen, einen lauten, langen Pfiff bei diesen Vögeln gehört. Was er bedeutete, begriff ich damals noch nicht. Jetzt dagegen wußte ich genau, daß die Trompetenlaute den Altvögeln dazu dienten, Kontakt zu halten und einander zu finden, die Pfiffe aber ein Mittel der Kommunikation zwischen ausgewachsenen Vögeln und Jungvögeln darstellen. Pfeifen können alle: junge und alte. Die Jungvögel pfeifen, um die Alten anzutreiben, ihnen Nahrung zu bringen. Flügge Jungvögel zeigen durch Pfiffe den Eltern ihren Aufenthaltsort an. Wenn die Eltern im nächtlichen Wald den Lockpfiff eines Jungvogels hören, orientieren sie sich unverzüglich nach diesem Laut, finden den Vogel schnell und füttern ihn. Freche laute Pfiffe stoßen auch die erwachsenen Fischuhus aus, wenn sie sich dem Nistrevier nähern.

Mit einem Wort – Pfeifen ist bei diesen Vögeln ein innerfamiliäres Kommunikationsmittel. Einer der Vögel braucht nur zu pfeifen, und sofort antwortet ihm wie ein Echo ein anderer.

Am Charakter des Pfiffes konnte man unschwer erraten, wer ihn ausstieß. Am reinsten und lautesten pfiff das Weibchen. Der Pfiff des Männchens war etwas leiser und endete oft in einem Schluchzer. Etwas überspannt, aber genauso rein und laut pfiffen die flüggen einjährigen Jungvögel. Der Pfiff der hungrigen Jungen in der Höhle steigerte sich zeitweise zu einem echten Klagelaut, und solche, die jünger als anderthalb Monate waren, winselten sogar. In ihren Pfiffen konnte man oft gewisse »hysterische« Noten hören. Je hungriger die Jungen waren, um so lauter und energischer pfiffen sie. Ich lernte es schnell, dieses Pfeifen nachzuahmen.

Wenn ich einen Altvogel sehen wollte, begann ich eifrig zu pfeifen. Ich pfiff mit solcher Kraft durch die Finger und legte in meinen Pfiff so viel Forderung, daß es sich mir vor Anstrengung im Kopf zu drehen begann und ich farbige Kreise sah. Aber welch ein Spaß, wenn die von mir genasführte Eule mit einem Frosch im Schnabel eilends zu mir geflogen kam!

Von Tag zu Tag hörte und verstand ich immer mehr neue »Wörter« aus der Sprache der Riesenfischuhus. Bald wußte ich, daß eine ganz besondere Lautgruppe Signale sind, mit denen die

Vögel einander vor Gefahr warnen. So lernte ich zum Beispiel ein »Husten« kennen, mit dem die Altvögel ihre Jungen zur Wachsamkeit und Vorsicht rufen.

Unter dem Baum mit der Höhlung, in der die Jungen der Fischuhus saßen, lebte eine Dachsfamilie. Sie hatte zwischen den Wurzeln der dürren Ulme zahlreiche Gänge gegraben, in denen sie sich tagsüber verbarg. Wenn der Abend anbrach und die Fischuhus erwachten, gingen auch die Dachse »auf Arbeit«. Die Eulen hatten sich an die Anwesenheit dieser für sie harmlosen Tiere gewöhnt, trotzdem aber stießen die Uhu-Eltern jedes Mal, wenn die Dachse hervorkamen, ein »Kche« aus. Dieses kehlige »Kche« erinnerte lebhaft an das Husten eines erkälteten Kindes. Man konnte meinen, daß sich Eulen und Dachse auf diese Weise begrüßten. Aber auf dieses »Kche« hin verhielten die Jungvögel in starren Posen. Offensichtlich hatten die erwachsenen Fischuhus die Jungen vor einer möglichen Gefahr gewarnt. Die Altvögel »husteten« auch, wenn Tschuk im Brutrevier erschien oder wenn ihnen ein verdächtiges Rascheln aus meinem Versteck zu Ohren kam.

Bei Unruhe, die in eine Art Zorn überging, zum Beispiel, wenn mich die Fischuhus in der Nähe des Nestes erwischten, brachten sie ein »Huu« oder »Uiuiui« hervor. Außerdem knappten sie noch drohend mit den Schnäbeln. Das »Huu« des Männchens und das »Uiuiui« des Weibchens sind praktisch nicht von den ersten Silben der Lockrufe dieser Vögel zu unterscheiden. Da ich die vollständigen Lockrufe verhältnismäßig leicht nachahmen konnte, fiel es mir auch nicht schwer, nur deren erste Teile von mir zu geben. Ich brauchte nur mit Baßstimme ein alarmierendes »Huu« oder »Uiuiui« zu rufen, und schon versteckten sich die Jungvögel in der dunklen Nische.

Heute abend aber flogen die Riesenfischuhus, durch mein Erscheinen erschreckt, in den Zedernwald und schrien aufgeregt. Man hätte denken können, die Eltern »unterhielten« sich. Ihre Lockrufe drückten jedoch Erregung aus, die durch ihre Besorgnis um die Jungen hervorgerufen wurde. Also kann ein und dasselbe Signal in Abhängigkeit von der Situation unterschiedliche Informationsgehalte haben. Ich brauchte mich nur im Zelt zu verstecken und von dort das Pfeifsignal ertönen zu lassen, das bedeutete, daß der Jungvogel sich am alten Platz befindet, lebt und gesund, aber sehr hungrig ist, und schon beruhigten sich die Eltern und stellten ihre Warnrufe ein.

So verging unser nicht eben ruhiges nächtliches Dasein. Und daß die Fischuhus mich verstanden, gab mir das Recht, anzunehmen, daß auch ich sie endlich verstand. Allmählich wurden mir die rätselhaften und geheimnisvollen Vögel zu guten und alten Bekannten. Schon freute ich mich ihrer Erfolge und litt mit ihnen, wenn es Fehlschläge gab. Gestern zum Beispiel bedauerte ich aufrichtig, daß ein unglücklicher Jungvogel einen großen Hecht fallen ließ, den sofort ein Dachs in seine Höhle schleppte. Mir tat der Jungvogel leid, er blieb ja hungrig. Und mir tat auch das Weibchen leid, das diesen Fisch zum Nest gebracht hatte: Ein solcher Fisch ist nämlich nicht leicht zu erbeuten.

Die Eulenkinder in der Höhle

Die Jungvögel der Riesenfischuhus hatten, wenn man sie mit den Jungen anderer Eulen verglich, nichts Besonderes an sich. Wie alle Eulenkinder sind sie großäugig und scheinen ständig aufs höchste erstaunt zu sein, sie wirken ein bißchen unordentlich und zottelig. Auf ihrem Gefieder hat sich der Flaum noch nicht abgerieben. Besonders üppig steht es ihnen am Kopf. Die großen Füße der Jungvögel sehen aus, als steckten sie in beigefarbenen Gamaschenhosen aus Fell; an den »Knien«, genauer, an den Fersen, die wie bei allen Vögeln etwas höher liegen, sind sie abgescheuert. Auf diese Knie oder Fersen stützen sich die Jungen ständig, wenn sie auf dem harten Boden der Höhle sitzen. In Größe und Färbung unterschieden sich diese jungen Eulen nur noch wenig von ausgewachsenen Fischuhus, darum mußte man ihnen schon den entsprechenden Respekt entgegenbringen.

Die Fähigkeit der Eulenjungen, Gegenstände gleichzeitig mit beiden Augen anzusehen und nicht – wie die Hühner – nur mit einem, machte sie den Säugetieren und, ich möchte sagen: sogar den

Menschen ähnlich. Die Pinselohren, an den runden Kopf angelegt wie bei einem böse gewordenen Luchs, verliehen ihnen das Aussehen von Tieren, die sehr wohl in der Lage sind, sich zu behaupten. Da ich aber genau wußte, daß mir gegenüber in der Höhle keine wilden Katzen saßen, rührten mich die kleinen Uhus. Jeden Morgen, wenn die Fischuhus ihre »Nachtarbeit« beendet hatten, kam ich aus meinem Versteck heraus, um die Eulenwohnung zu untersuchen. Ich sammelte die Federn, die die Altvögel in der letzten Nacht verloren hatten, und verfolgte so deren Mauser, untersuchte die Reste der nächtlichen Mahlzeit der Eulenkinder und konnte mir so eine Vorstellung von deren Zusammensetzung verschaffen. Ein nicht unwichtiger Grund für meine täglichen Besuche auf dem Baum mit der Höhlung war der Wunsch, wenigstens für einige Minuten am Tag ganz in der Nähe der Junguhus zu sein. Sie durch längere Besuche zu beunruhigen, wagte ich nicht.

Seit dem Tag, an dem ich das Nest aufgefunden hatte, dachte ich ständig mit Furcht daran, daß die Eulenjungen wegfliegen könnten und ich sie nie wieder zu Gesicht bekommen würde. Aber die Tage vergingen, und die Uhujungen blieben weiter in ihrer Höhle sitzen. Und da wir einander jeden Tag und außerdem noch jede Nacht trafen, bemerkte ich gar nicht, wie sie wuchsen. Den Gedanken, ihr Gewicht zu ermitteln, verwarf ich sofort wieder, da sie, über das erträgliche Maß hinaus beunruhigt, das Nest vor der Zeit hätten verlassen können. Mich interessierte vor allem der natürliche Verlauf der Ereignisse, und so galt es, geduldig zu warten.

Am 15. Mai wurde der ältere Jungvogel – er war auch etwas größer – plötzlich erregt, als sähe er mich zum ersten Mal. Die Federn standen ihm zu Berge, die Flügel entfalteten sich zu Fächern, er trat von einem Bein auf das andere, so daß der ganze Körper schwankte, und knappte drohend mit dem Schnabel – so reagieren die meisten Eulen bei Gefahr. Aber meine Jungeulen hatten das doch bisher noch nie getan! Nun ja, das bewies also, daß die Jungen nicht nur wuchsen, sondern auch allmählich die Gewohnheiten ausgewachsener Vögel annahmen. Natürlich beeilte ich mich, »aufs höchste erschrocken«, schnell den Baum hinabzuklettern. Das Eulenjunge schien befriedigt. Von seiner Kraft überzeugt, verharrte es noch eine ganze Weile so aufgeplustert. Es war mit sich zufrieden, und ich mit ihm. Zu komisch, wie es sich, nachdem es mich verjagt hatte, zu seinem hinter seinem Rücken verborgenen Bruder umwandte, ihn mit einem, wie es schien, verächtlichen Blick maß und der Ordnung halber noch einmal mit dem Schnabel knappte. Der Bruder zwinkerte verwirrt. Diese Reaktion erschien unserem Helden als unzureichend, und frech trat er dem Bruder auf den Fuß. Das aber war denn doch zuviel. Erbost stieß der jüngere Vogel ein »tschiw-tschiw-tschiw-tschiw« hervor, befreite seinen Fuß, wandte sich von dem Angeber ab und nahm mit starren Augen an der Wand der Höhlung Aufstellung. Übrigens ist »tschiw-tschiw-tschiw-tschiw« in der Sprache der jungen Uhus ein Schimpfwort und wird wie ein gut geübter Zungenbrecher vorgebracht. Derjenige, der schimpft, hat meist recht.

Überhaupt muß man sagen, daß das Betragen der jungen Fischuhus äußerst ruhig ist. Unbedeutende und bei dem Leben in der engen Höhle unvermeidliche kurzzeitige Zänkereien haben meist demonstrativen, Schau-Charakter. Grobe Boshaftigkeiten untereinander habe ich bei ihnen nie beobachtet. Sehr selten kam es vor, daß das größere Eulenjunge mit dem Recht des älteren Bruders dem jüngeren gönnerhaft einen Klaps ins Genick versetzte, wenn dieser irgend etwas falsch machte. Bei diesen seltenen Balgereien, die ab und an doch aufkamen, wurde nie das Bestreben des Stärkeren sichtbar, den Gegner unbedingt zu demütigen.

Eine charakteristische Szene aus dem Leben der Eulenkinder in der Höhle sah so aus: Mehr als für alles andere interessierten sich die Uhus für die nackten Zehen des Artgenossen. Es brauchte einer nur einzuschlafen und unversehens unter den herabhängenden lockeren Federn am Bauch die bläulichen Zehen hervorzustecken, schon bemerkte sie der zweite Jungvogel sofort und packte sie. Sie spielten Jagd. Aber wem ist es schon angenehm, wenn man ihn an den Füßen packt. Im Nu waren alle sechzehn Zehen der vier Jungvögelfüße zu einem einzigen Gordischen Knoten verschlungen. Die erbosten Eulenkinder hackten in dieses Knäuel hinein, gerieten aber, wenn sie sich ein paarmal in die eigenen Zehen gezwickt hatten, in Verwirrung. Schließlich kam dann einer der beiden, und nicht unbedingt der, der das Spiel begonnen hatte, auf die Idee, seinem Ärger auf dem Kopf des Bruders Luft zu machen. Er hackte ihm in den Hals und zog ihm am »Ohr«. Und schon verhakten sich zwei graue Schnäbel, und beinahe kam es zu einer richtigen Prügelei. Aber mit verhakten Füßen kämpft es sich nun einmal schlecht, einer ließ als erster die Zehen locker. Zur offenkundigen Verwunderung der Kampfhähne gab es plötzlich nichts mehr, worum man sich streiten konnte, und die Leidenschaften erloschen.

Oder ein anderes Beispiel: Etwa anderthalb Wochen vor dem erstmaligen Verlassen der Höhlung begannen die Jungvögel sich auf dieses wichtige Ereignis vorzubereiten. Um die Flügel zu kräftigen, schlugen sie sie regelmäßig. Aber in der Höhle war es eng, und unentwegt schlugen sie einander gegenseitig. Der Leidtragende, der gerade einen Patsch hinter seine abstehenden »Ohren« bekommen hatte, geriet außer sich, knappte drohend mit dem Schnabel, verbiß sich im Gefieder des Angreifers und schüttelte ihn. Obwohl es einem Zuschauer scheinen mochte, daß ein Junges das andere verprügelte, wurde dabei keine einzige Feder herausgerissen, ja nicht einmal geknickt. Sobald die Ursache des Unmuts entfiel, herrschte sofort wieder eitel Frieden.

Sogar Auseinandersetzungen wegen des Futters gab es selten. Natürlich reckten sie sich den Eltern entgegen und stießen einander mit den »Ellenbogen«. Oft guckte der eine mit unverhohlenem Neid, wenn es dem anderen gelungen war, ihm zuvorzukommen und sich der von den Eltern gebrachten Beute zu bemächtigen. Aber sie gehörte dem, der sie als erster packte. Daß der größere Jungvogel seine Kraft nutzte und dem kleineren das Futter wegnahm, geschah sehr selten. Er hielt es anscheinend für ehrenhafter, kläglich zu pfeifen und damit die Eltern anzutreiben, wieder auf Jagd zu fliegen, als zu versuchen, die Nahrung dem Schnabel des Bruders zu entreißen. Allerdings verlor der Besitzer der Beute auch keine Zeit, der im ehrlichen Zweikampf eroberte Frosch wedelte nur ein einziges Mal mit seinen langen, leblosen Beinen in der Luft und verschwand dann ohne Verzug im Rachen des Vogels. Große Beute, zum Beispiel ein kiloschwerer Amurhecht, wurde von beiden Jungen zusammen gefressen, indem sie ihn abwechselnd packten und kleine Stücke davon abrissen.

Mehr als alles andere aber bezauberte mich die Natürlichkeit der jungen Fischuhus. Alles bewegte sie. Man kann sich gar nicht vorstellen, wie viele unterschiedliche Dinge sie, in ihrer engen Höhle sitzend, gewitzt aufspürten. Den größten Teil des Tages verschliefen sie natürlich sorglos. Manchmal lagen sie auf der Seite, oft auf dem Bauch, die Beine nach hinten gestreckt, die schweren Köpfe hingen über dem Rand der Höhlung. Wenn der Schlaf einen Jungvogel im Sitzen überwältigte, so sank sein großer Kopf, genau wie bei einem schlummernden Menschen, in komischer Weise tiefer und tiefer.

Wenn tagsüber zu den scheinbar schlafenden Eulenjungen unversehens kleine andere Vögel geflogen kamen, von den um die Höhle summenden Fliegen und Mücken angelockt, so wurden die Eulen sofort hellwach und begaben sich auf »Jagd«. Sie stellten sich langsam auf die Füße, trampelten ungeduldig von einem auf den anderen, krümmten den Rücken, rissen die Augen weit auf. Ihre runden Köpfchen auf den erstaunlich beweglichen Hälsen beschrieben in der Luft waagerechte Achten. Natürlich blieb es bei einem hypnotischen Anstarren des Opfers. Die Eulenjungen dachten gar nicht daran, aus der Höhle zu hüpfen, und die flinken Vögel wollten ihnen natürlich auch nicht in die Fänge geraten, aber emotionell gesehen war es doch echte Jagd.

Die Sumpfmeisen, die da eben die Jagdinstinkte der jungen Fischuhus geweckt hatten, waren längst weitergeflogen, aber die in Rage geratenen Jungeulen setzten ihre »Jagd« fort. Und das war nicht verwunderlich, denn die Jagd würde ja in naher Zukunft ihr Leben bedeuten. Und was war das schon für ein Unterschied, ob die Beute der herangewachsenen Eulen nun Vögel oder Wassertiere waren? Für die tanzenden Jungvögel war das jetzt ein unwesentliches Detail.

Kaum berührte die Abendsonne die Olonskaja Sopka, da wurden die Jungen noch aktiver. Eben beschloß der etwas größere Vogel, sich mit Bergsteigerei zu befassen. Ein paar Minuten hintereinander stürmte er die senkrechte Wand der Höhle, kletterte nach oben, wobei er sich an Unebenheiten klammerte, und schlug mit den Flügeln, daß Staub und Fliegen nur so umherstoben. Müde geworden, setzte er sich schließlich schwer atmend hin, um »nachzudenken«. Aber in seinen »Gedanken« wurde er durch die Unruhe der Dachse unten gestört. Mit gespannter Aufmerksamkeit starrte er auf deren dunkle Höhle. Bald drehte er den Kopf so, bald anders, ganz Auge, ganz Ohr. Dann verdoppelte er seine Anstrengungen und kletterte am Rand der Höhle empor. Dieses Mal gelang es ihm, fast einen halben Meter Höhe zu gewinnen, wo er sich jetzt, völlig außer Atem gekommen, bereits ausruhte. Aber auch hier wurde es ihm bald langweilig. Beim Abstieg verklemmte sich eine Kralle tückisch in einer Spalte. Das Eulenjunge zog, was das Zeug hielt, bekam den Fuß frei und prallte mit dem Schnabel auf dem Boden auf. Als sei es etwas verlegen, drehte es sich zur Wand.

Doch da fiel sein Blick auf den kleinen blitzenden Reflektor mit dem Lämpchen, den ich in der Tiefe der Höhle aufgehängt hatte, um die Möglichkeit zu haben, die Vögel auch nachts zu beobachten. Der Tunichtgut von Uhu beschloß, das Spielzeug herunterzuholen – für ihn ein Zeitvertreib, während ich dasaß und bangte: Vielleicht langt er wirklich bis an die Lampe heran und reißt sie ab? Hinausgehen und die Beleuchtung neu installieren, das durfte ich nicht, da ich mich nachts den Riesenfischuhus nicht zeigen durfte. Ohne Zusatzbeleuchtung aber konnte man, wenn es völlig dunkel war, nicht die Hand vor den Augen sehen. Aber ich kam noch rechtzeitig darauf, den Schelm »anzuschreien« – ich stieß nur ein warnendes »Uiuiui« hervor, und der Jungvogel beruhigte sich, vergaß die Lampe.

Doch lange blieb er nicht untätig. Im nächsten Moment biß den Junguhu etwas ins Ohr. Mit dem gleichen Eifer, mit dem er eben noch gespielt hatte, begann er sich jetzt zu kratzen. Er kratzte sich mit dem Fuß hinter dem Ohr, schloß die blauen Zehen zur »Faust« und betrachtete sie aufmerksam. Aber auch diese Beschäftigung wurde bald unterbrochen. Auf den Rand der von den letzten Sonnenstrahlen beleuchteten Höhle setzte sich mit Gebrumm eine große grüne Fliege. Der Junguhu betrachtete aufmerksam das glänzende Insekt, beschloß, es mit dem Schnabel zu berühren, und machte schon Anstalten dazu. Die Fliege flog natürlich sofort weg, aber die Eule schien das gar nicht zu bemerken, denn sie betrachtete den leeren Platz weiterhin mit gleichem Interesse. Der Vogel berührte die Stelle betroffen, kratzte sogar mit dem Fuß darauf herum und legte sich dann verärgert ein Weilchen nieder, um auszuruhen.

Aber die Höhle bewohnten ja zwei Uhus. Der ältere wollte sich ausruhen, der jüngere aber konnte den Blick nicht von einem Federchen wenden, das aus der Höhle herausgeflogen war. Natürlich wollte der ruhende Uhu wissen, was der Bruder denn da so aufmerksam anstarrte. Und schon schwankten zwei schlaue Köpfchen von einer Seite auf die andere und verfolgten den bizarren Flugweg der leichten Feder. Und das alles wurde höchst ernsthaft mit höchst gescheiter Miene betrieben.

Vor einigen Tagen stattete ein Schwarzspecht dem Baum mit der Höhle der Riesenfischuhus einen Besuch ab. Der Schwarzspecht ist ein relativ großer Vogel, etwa so groß wie eine Krähe. Das Fischuhumännchen, das in der Nähe der Höhle den Tag verbrachte, bemerkte sogleich den Specht, zog für jeden Fall den Kopf ein, regte sich nicht mehr und schloß die Augen. Selbst als der Specht lärmend auf dem Nistbaum aufbaumte, rührte sich das Uhumännchen nicht. Der Schwarzspecht klopfte geschäftig auf dem Stamm herum und schrie durch den ganzen Wald.

Anders reagierten die Junguhus auf den Schwarzspecht. Zuerst hielten sie sich ebenfalls verborgen, aber langes Stillsitzen ging über ihre Kräfte. Sie dachten überhaupt nicht daran, die Augen zu schließen. Im Gegenteil, sie ließen den Schwarzspecht nicht aus ihren hellen, in den letzten Tagen zitronengelb gewordenen Augen. Wohin der Specht am Baum auch sprang, dorthin drehten auch die Eulenkinder langsam ihre Köpfchen mit den großen Augen. Erst als der Schwarzspecht direkt neben der Höhlung auftauchte, verharrten sie reglos vor dem großen, schwarzen Vogel. Wenn ausgewachsene Vögel nicht bemerkt werden wollen, schließen sie auf jeden Fall die Augen, die jungen Uhus jedoch rissen sie weit auf.

Einem der Jungen blieb sogar der Schnabel offenstehen. In dieser Haltung verharrten sie, bis der Schwarzspecht auf einen anderen Baum geflogen war.

Noch waren die letzten Sonnenstrahlen nicht verloschen, als aus einer schwarzen Wolke, die von Nordosten herangekrochen kam, auf den still gewordenen Wald ein wahrhaft tropischer Wolkenbruch niederging. Das Nest der Riesenfischuhus war eine Halbhöhle – die vordere Hälfte zum Himmel hin offen, der hintere Teil eine enge Nische. Bereits bei den ersten Tropfen verkroch sich der kleinere der Jungvögel in der Nische, während der größere die ganze Zeit über, die es goß, am Rand der Höhle stehenblieb und sich nicht einmal bewegte. Mit Pfeifen hörte er allerdings auf. Bei den letzten Tropfen trat er von einem Bein auf das andere und nahm, als sei nichts geschehen, wieder sein Pfeifen auf, um die Eltern daran zu erinnern, daß er hungrig sei. Aber da begann der Regen von neuem. Wohl um es dem älteren Vogel gleichzutun, erschien jetzt auch der zweite am Rand der Höhle. Darin lag eine gewisse »Berechnung«: Hier im Regen verpaßte man wenigstens nicht den Anflug der Eltern und blieb nicht hungrig.

Ach, was für ein trauriges Bild boten die durchnäßten Jungen! Die Federn am Kopf hatten sich in dunkle Strähnen verwandelt, die Köpfchen sahen ungewöhnlich klein aus. Aus ockerfarbenen Jungeulen waren dunkelbraune geworden, dafür hob sich die Blesse auf dem Scheitel kontrastreich ab. In der Dämmerung waren gegen den Hintergrund der dunklen Höhle nur diese Blessen und die vier glänzenden Augen zu sehen.

So also verlief die Kindheit der Riesenfischuhus. Sie wurden vom Regen naß und wurden wieder trocken. Bald zankten sie sich, bald vertrugen sie sich wieder. Bald jagten sie einer Fliege oder einem kleinen Vogel hinterher, bald erschraken sie vor einem Specht. Bald fesselten die Dachse ihre Aufmerksamkeit, bald ließ das flinke Backenhörnchen ihre Kinder-, aber doch schon Jägerherzen höher schlagen. Nur Langeweile – die gab es nicht. Ein wichtiges Ereignis löste das andere ab. Nur wenn die Junguhus sehr hungrig waren, ließen sie alles stehen und liegen und begannen zu pfeifen, daß es durch den ganzen Wald hallte. Sie waren ja noch klein, und allein jagen konnten sie noch nicht. Sie waren eben noch Kinder, wenngleich sich ihr Aussehen nur noch wenig von dem erwachsener Riesenfischuhus unterschied...

Gleichmaß des Lebens

Mein eigenes Leben war vollständig dem Lebensrhythmus meiner »Schutzbefohlenen« untergeordnet. Wenn sie wach waren, schlief auch ich nicht. Wenn sie, von der Nacht todmüde und von der Sonnenwärme erschöpft, einschliefen, machte ich mich an meine persönlichen Dinge. Und die waren vielfältiger Natur. Heute zum Beispiel wollte ich einen Vorrat an Brennholz anlegen.

Ich sitze an meinem Rastplatz, neben einem Stoß frischgesägtem Brennholz. Plötzlich ertönt vom Brutrevier der Riesenfischuhus her das weinerliche Pfeifen der Jungvögel. Ich sehe auf die Uhr – fünf Uhr nachmittags. Mein von der Plackerei mit der Säge her feuchtes Hemd ist noch nicht getrocknet. Mir kommt ein Gedanke – habe ich etwa die Jungen geweckt? Sie müßten doch mindestens noch eine Stunde schlafen! Aber da läßt sich nichts machen. Ich gehe also zu den Junguhus, obwohl ich noch nicht einmal zu Abend gegessen habe.

Da sitze ich nun wieder in meinem Versteck und warte. Ich glaube alles vorbereitet und überprüft zu haben: die Optik, das Blitzgerät, die kleine Lampe, die später in der Dunkelheit die Höhle beleuchten soll. Dies ist jeden Abend meine Arbeit. Ich vergaß nicht, mir vom Rastplatz eine Kanne starken Tee mitzubringen. Hier habe ich auch alle meine warmen Sachen liegen, denn die Mainächte am Bikin sind empfindlich kalt. Unter mir habe ich das kleine Fell vom Kragenbären und einen Schlafsack liegen.

Die jungen Eulen haben sich schon längst daran gewöhnt, daß ich mich in meinem Zelt verstecke, und reagieren so gut wie gar nicht auf mein Rumoren dort. Zwar schienen sie zu verstummen, wenn ich mich näherte, aber jetzt gerate ich bei ihnen bereits in Vergessenheit, und der Hunger meldet sich bei ihnen wieder.

Die erwachsenen Riesenfischuhus beeilen sich jedoch nicht gerade, auf das Klagen der Jungen hin herbeizufliegen. Überhaupt verwöhnen sie die Jungen nicht, sie zeigen ihnen gegenüber keine besondere Aufmerksamkeit. Mehr noch, mich beeindruckt, wie sie mich ungestraft am Nest umhergehen und sogar in die Höhle zu den Jungvögeln hineinschauen lassen. Im besten Fall werden sie rechtzeitig wegfliegen und aus der Ferne warnend rufen. In diesem Zusammenhang muß ich andere Eulen erwähnen – Habichtkauz und Bartkauz, Sumpfohreule und Schildkauz und viele andere –, von denen ich in ähnlichen Situationen immer tüchtig etwas abbekam. Die heftigen Hiebe mit den krallenbewehrten Füßen eines Bartkauzes werden mir wohl mein ganzes Leben lang in Erinnerung bleiben.

Die Eltern der Junguhus verblüfften mich noch durch etwas anderes. Bei allen Eulen, die ich je beobachten konnte, waren die Pflichten der Erwachsenen gegenüber den Jungtieren streng geregelt: Das kräftigere und größere Weibchen huderte, fütterte und schützte die Jungen, das Männchen jagte und brachte Futter herbei. Selbst wenn die Jungen größer wurden und nicht mehr gehudert zu werden brauchten, hielt sich das Weibchen gewöhnlich in ihrer Nähe. Meine Fischuhus aber verhielten sich anders, hier traf ich das Männchen bedeutend häufiger am Nest. Zu seinen Pflichten gehörte die Bewachung des Reviers und der Jungvögel sowie deren Fütterung. Er brachte ihnen viel öfter Nahrung als das Weibchen. Da er Wächtertätigkeit und Fütterung der Jungen in Einklang bringen mußte, jagte er in der Nähe des Nestes. Seine Beute bestand hauptsächlich aus Fröschen, von denen alle Wasserläufe zu dieser Jahreszeit buchstäblich wimmelten. Das Weibchen hingegen blieb längere Zeit weg. Es jagte an den Bikinarmen, und seine Beute waren in der Regel Fische. Einen Fisch fangen ist sohwerer, als einen der Frösche herauszuholen, die sich zum Laichen versammelt haben. Darum kam das Weibchen auch seltener zur Höhle geflogen. Außerdem, so konnte ich ermitteln, befaßte sich das Weibchen am Bikin nicht nur mit Jagd. Sie lehrte dieses Handwerk auch ihre vorjährigen Jungen und schaffte es zuweilen sogar, sie zusätzlich zu füttern. Allein mit dieser ungewöhnlichen

Besonderheit im Brutleben der Riesenfischuhus, bei dem das Weibchen noch viele Monate Verbindung zu den Jungvögeln vom Vorjahr hält, läßt es sich erklären, daß bei diesen Eulen die Hauptsorge für die Jungen im Nest auf dem Männchen liegt.

So kam auch jetzt auf den Lockpfiff der in der Höhle sitzenden Junguhus hin zuerst das Männchen herbei, und nicht das Weibchen. Es setzte sich sofort auf seinen Stammplatz – den dicken Ast einer Esche, zwanzig Meter vom Nest entfernt. Jetzt starrte es fragend auf die Jungen, schien sich mit seinem ganzen Äußeren zu erkundigen, warum sie es zu dieser ungewöhnlichen Zeit gerufen hatten. Die Jungvögel verdoppelten nur noch Kraft und Entschlossenheit des Pfiffs, aber der Papa hatte am hellichten Tag keine Lust, sich auf Jagd zu begeben, es war nämlich erst sechs Uhr abends. Nachdem er eine Weile auf dem Ast umhergetrampelt war und sich einen schattigen Platz gesucht hatte, begann er sein Gefieder zu ordnen. Das brachte die Jungen zur Raserei. Ihre Schnäbel schlossen sich auch nicht eine Minute. Manchmal ging ihr Pfeifen in Wehklagen über und endete fast in einem Heulen. Aber das Männchen durchsuchte weiter sein Gefieder.

Was dann weiter geschah, das ist mir selbst heute noch nicht ganz klar geworden. Nach Beendigung seiner Toilette begann das Männchen mir nichts dir nichts ebenfalls mit Pfeifen. Dabei endeten die Laute, die es ausstieß, mit dem gleichen Schluchzer, auf den die hungrigen Jungen so viel Hoffnung gesetzt hatten. Man hatte den Eindruck, als wenn es die Jungvögel nachäffte. Pfiff einer von ihnen, tat das Männchen es ihm auf der Stelle nach, der Unterschied bestand nur in der Art der Lautäußerung. Die Jungvögel, die fürchteten, den Augenblick des Anfluges der Eltern mit dem Futter zu verpassen, pfiffen mit offenen Augen, das Männchen hingegen hielt sie geschlossen. Daraus war erkenntlich, daß er von niemandem eine Gabe erwartete. Die »Nachäfferei« dauerte einige Minuten an. Allmählich hatten sich die Jungeulen müde geschrien und verstummten. Auch das Männchen schien eingedämmert zu sein.

Ich wollte den auf dem Ast sitzenden Uhu noch bei Tageslicht fotografieren und wartete nun, bis der Schatten, der seinen Kopf bedeckte, etwas zur Seite wich. Doch dazu kam es nicht. Der Schatten verschob sich, und zusammen mit ihm schob sich auf dem Ast auch der widerborstige Uhu weiter. Einem störrischeren Vogel bin ich in der ganzen Ussuri-Taiga nicht wieder begegnet!

Das Dasein der Riesenfischuhus war offensichtlich einem strengen Regime unterworfen. Wie sehr die hungrigen Jungen auch pfeifen würden, nichts würde sich ändern. Ich konnte mit Bestimmtheit voraussagen, daß das Weibchen gegen acht Uhr abends am Nest erscheinen, sich mit Gewißheit zuerst abseits vom Männchen hinsetzen, dann näher kommen und auf seinen Ast fliegen würde, der etwa einen Meter vom Platz des Männchens entfernt war. Ich hätte wetten können, daß die beiden Altvögel im nächsten Augenblick mit ihrem Duett beginnen würden. Ich wußte auch, daß die ausgewachsenen Vögel bis zwanzig Uhr zehn Minuten balzen und erst dann auf Futtersuche gehen. Bald darauf würde jeder einen Frosch fangen (ich nehme an, daß dies nicht schwierig ist) und diesen den Jungen bringen. Dann fliegt das Weibchen fort auf richtige Jagd, das Männchen aber bleibt in Nestnähe und wird den Jungvögeln in gewissen Zeitabständen kleine Brocken servieren. Wollen wir einmal sehen, ob ich mit meinen Voraussagen recht behalten werde? Jetzt war es halb acht. Ich kaute gemächlich meine im süßen Tee aufgeweichten Zwiebäcke.

Schon begannen meine Voraussagen einzutreffen. Zehn Minuten vor acht gab das Weibchen das erste Mal an diesem Abend einen Laut von sich. Nach weiteren fünf Minuten beendete es die Toilette und setzte sich auf seinen Stammplatz. Bei Erscheinen des Weibchens war das Männchen sofort wie umgewandelt, es riß weit die Augen auf und schüttelte sich heftig, um sein Gefieder zu ordnen. Es sah aus, als ob es trotz aller Pflichten nach wie vor auf sein Äußeres bedacht war, insbesondere in Anwesenheit der Gattin. Es fehlten noch vier Minuten an acht Uhr, als die Vögel mit ihrem Duett begannen. Dabei beendete wie üblich das Weibchen den vom Männchen begonnenen Gesang. Sie hatte eben immer das letzte Wort.

Das späte Liebeslied der Eltern brachte die Junguhus in Wut.

Ihr verhaltenes Klageweinen ging wieder in freches Pfeifen über. Sie konnten nicht warten, bis ihre »Alten« endlich aufhörten, das Abendrot zu besingen. Aus ihrem Pfeifen war herauszuhören: »Hört auf zu tönen! Unmöglich, euch mit nüchternem Magen zuzuhören! Wir haben doch Hunger!« Aber die Eltern setzten unbeeindruckt ihr Liebesduett fort.

Und trotzdem habe ich mich ein bißchen geirrt. Die Eltern verstummten und flogen von ihren Stammplätzen nicht um zehn nach acht ab – wie ich vermutet hatte –, sondern erst vier Minuten später. Aber trotzdem, man könnte die Uhr nach ihnen stellen. In der Taiga reicht so eine Genauigkeit jedem. Und weiter lief alles wie nach Plan. Schon hatte der größere Jungvogel den ersten Frosch verschluckt. Jetzt pfiff der zweite lauter als jener, und nicht umsonst – den nächsten Frosch bekam er. Alles ging seinen Gang.

Die Eulennacht

Diese Nacht habe ich in das Zelt, von dem aus ich die Riesenfischuhus beobachte, Tschuk mit hineingenommen, in der Hoffnung, daß es uns zu zweit wärmer sein würde – ich friere nämlich sehr in den Nächten. Bisher hatte ich den Hund am Hauptrastplatz gelassen, da ich fürchtete, er würde nur unnötigen Lärm verursachen: Bald würde er die Ohren schütteln, bald sich zu kratzen beginnen. Jetzt schläft Tschuk. Vor einer halben Stunde hat er von mir einen ordentlichen Klaps gekriegt. Als er nämlich die Unruhe hörte, die die Fütterung der Jungvögel verursachte, gelangte er wohl zu der Meinung, daß es dort ohne ihn nicht gehe, und versuchte aus dem Zelt ins Freie zu gelangen. Da bekam er seine Strafe. Der Hund war zwar beleidigt, kühlte aber deswegen nicht ab, und so konnte ich mir jetzt in seinem dichten Fell die steifgefrorenen Finger wärmen.

Im allgemeinen nehme ich Tschuk zu meinen Beobachtungen und zum Fotografieren mit. Er benimmt sich tadellos. Er braucht nur den auf dem Stativ befestigten Fotoapparat zu sehen, und schon verändert sich seine Miene: Die lebensfrohe Laika mit ihren aufrechtstehenden Ohren und ihrer geringelten Rute verwandelt sich zusehends in einen geprügelten Hofhund. Die geringelte Rute streckt sich, die Ohren werden schlaff, und der Hund legt sich auf der Stelle schlafen. Tschuks Abneigung gegen das Fotografieren ist so groß, daß man ihn selbst praktisch nicht fotografieren kann. Sowie man den Fotoapparat auspackt, wendet er sich ab, legt sich hin und steckt die Schnauze unter den Schwanz.

So auch jetzt – Tschuk, zu den Beobachtungen als »Wärmflasche« mitgenommen, schläft süß und selig. Ich verstehe, daß er im Verlauf des Tages müde geworden ist: Den ganzen Tag hat er gegen die Backenhörnchen gekämpft, die sich zu unseren Eßvorräten durchgewühlt hatten, und noch so manches andere vollbracht. Aber trotzdem finde ich es unanständig, in Anwesenheit eines Menschen zu schlummern, der nicht einmal ein Stündchen dämmern darf. Ich stupse den Hund also leicht mit dem Fuß an, und er wird wach. Jetzt tut er mir leid. Mag wenigstens er ausschlafen! Aber der Hund schnieft schon wieder ruhig, und ich tröste mich damit, daß für mich keine Nacht der anderen gleicht. Nehmen wir einmal die heutige, die vom 23. zum 24. Mai.

Heute ist der ältere Jungvogel erstmalig in seinem Leben aus der Nistnische nach draußen gekraxelt. Mit Unterstützung der Flügel gelangte er etwa anderthalb Meter in die Höhe, ließ sich dort stolz nieder und beobachtete die Ferne. Seine hochmütige Miene trägt er zu Recht zur Schau, denn er sitzt auf dem Platz, auf dem seine Eltern oft saßen. Das kleinere Eulenjunge aber, das sehr wohl sah, welche Anstrengungen den Bruder der Aufstieg kostete, bewertete dessen heroische Tat auf eigene Weise: Es bettelte den Bruder demütig um Futter an. Daß der Jungvogel das Nest verließ, beunruhigte aus irgendeinem Grund seine Eltern aufs höchste. Sie erhoben ein durchdringendes Gepfeife. Das verärgerte Weibchen setzte sich auf den Ast, auf dem gewöhnlich das Männchen thronte, und ließ vor Aufregung die Flügel hängen, als seien sie gebrochen. Zum gewohnten Zeitpunkt flog das Männchen nicht auf Futtersuche, sondern fuhr fort zu pfeifen. Es erhob sich ein unwahrscheinlicher Tumult. Der kleinere Jungvogel nutzte seine relativ große Freiheit in der Höhle und schlug energisch mit den Flügeln.

Es sah aus, als wollten die Eltern den widerspenstigen Jungvogel zwingen, ins Vaterhaus zurückzukehren. Sie zeigten Charakter und fütterten angelegentlich nur das artige, in der Höhle verbliebene Junge. Dies brachte den Ausreißer in unbeschreibliche Wut. Kein Wunder, der jüngere fraß schon den dritten Frosch, und er hatte noch keinen einzigen abbekommen. Das allgemeine Durcheinander wurde noch verstärkt durch sein hysterisches Gezeter. In dem Lärm, den die Eulen verursachten, war sogar das Rauschen des Bikin nicht mehr zu hören. Die Uhus beruhigten sich erst etwas, als das freche Junge sich geschlagen gab und in die Höhle zurückkletterte. Es war drei Viertel zwölf, als der verlorene Sohn das erste Mal an diesem Abend zu fressen bekam.

Aber die Stille am Nest hielt nicht lange an. Um null Uhr zwölf Minuten kam das Weibchen mit einer großen Lachsforelle in den Fängen vom Bikin zurück. Ihr Pfiff war schon von weitem zu hören. Ihr folgte das Männchen mit einem Frosch. Unerwartet kamen gleichzeitig von zwei Seiten noch zwei Fischuhus herbeigeflogen – Junge aus der vorjährigen Brut. Die Luft war angefüllt von dem Rauschen, das die Schwingen der vielen großen Vögel verursachten. Dazu muß man sagen, daß im Gegensatz zu den meisten übrigen heimischen Eulen der Flug der Riesenfischuhus Dutzende Meter weit gut zu hören ist. Die großen Schwungfedern des Fischuhus sind nicht so weich wie die anderer Eulen und haben keine gezackten Ränder, die die Geräusche beim Durchschneiden der Luft dämpfen. Diese Besonderheit ist wahrscheinlich durch das Leben der Fischuhus in Wassernähe bestimmt, bei dem das lockere Gefieder unmäßig naß würde, und auch dadurch, daß der Fischuhu sich ja nicht leise an ein Opfer heranzumachen braucht, da ihn dieses über das Gehör fast gar nicht wahrnehmen kann. Wie es auch sei – der schwere Flügelschlag der Fischuhus ist weithin hörbar.

In dem Moment, als sich am Nest die vier Fischuhus versammelten, war der rastlose Jungvogel wieder über die Höhlung hinaus geklettert. Aufgeregt und hungrig pfiff er wütend und heiser, schlug er mit den Flügeln. Der in der Höhle verbliebene Jungvogel sah die Eltern mit der Nahrung, fing ebenfalls an zu »meutern« und schlug gleichfalls mit den Flügeln. Im Licht der kleinen Lampe, die wie Glühwürmchen die Höhle erleuchtete, stoben die von den Flügelschlägen aufgewirbelten Flaumfedern.

Zum zweiten Mal in dieser Nacht ergriff die Vögel allgemeine Aufregung. Das Weibchen, das sich auf einen dünnen Ast gegenüber der Höhle niedergelassen hatte, heulte dumpfer als gewöhnlich. Irgendwo über meinem Kopf tat das Männchen es ihm gleich. Ganz in der Nähe pfiffen hysterisch die vorjährigen Jungen. Da stürzte sich eines auf das Weibchen, in dessen Krallen der Fisch in der Dunkelheit aufblitzte. Das Weibchen hielt dem Ansturm nicht stand, flog auf einen anderen Ast und plumpste dann mit Getöse in die Höhlung. Was dort vor sich ging, war gleich gar nicht mehr zu begreifen. In die Höhle stürzte kopfüber auch das Junge, das bisher darüber gesessen hatte. Das Weibchen, das dies nicht erwartet hatte, purzelte beinahe aus der Höhle heraus. Alle Vögel schlugen mit den Flügeln. Aus der Höhle kamen nicht nur Daunen, sondern auch Federn geflogen. Die verzweifelte Mama ließ aus irgendwelchen Gründen den Fisch nicht aus dem Schnabel, und die beiden Jungen zerrten daran nach verschiedenen Richtungen. Schließlich bekam der größere Jungvogel den Lachs zu fassen.

Inzwischen hatten die beiden vorjährigen Jungen beschlossen, das vom Männchen herbeigebrachte Futter mit vereinten Kräften in ihren Besitz zu bringen. Sie rückten ihm gleichzeitig zuleibe. Ich konnte nicht sehen, was dort geschah, aber von oben kam direkt auf mein Zelt der trockene Ast geflogen, auf dem das Männchen eben noch gesessen hatte. Die Balgerei trug durchaus ernsten Charakter. Einer der Vögel stürzte herunter und konnte seine Schwingen gerade noch über dem Erdboden entfalten. Im Endeffekt fraß der zerzauste, zottelige Vater den für die Kinder geholten Frosch selbst auf. Danach setzte er sich auch noch aus unerfindlichen Gründen auf den Rand der Höhlung. Die Junguhus wandten sich ihm zu, er aber klappte verwirrt mit den Lidern, als überdenke er den Verlust des Futters. Der zweite Jungvogel, der in dem Durcheinander leer ausgegangen war und keinen Frosch im Schnabel des Männchens vorfand, verkrallte sich in dessen Brustgefieder und zog es mit aller Kraft zu sich heran. Total kopflos flog der Vater davon. Die vorjährigen Jungen setzten ihm nach und flogen in den Wald.

Allmählich legten sich Lärm und Leidenschaften. Das Pfeifkonzert, das noch vor zwei Minuten wie bei einem Fußballspiel im Stadion klang, war ebenfalls verstummt. Nur der kleinere Junguhu jammerte leise weiter. Das Rauschen des Flusses war wieder zu hören. Irgendwo in der Nähe balzte eine Ostasiatische Zwergohreule. Ein Stummelsänger zirpte aufgeregt in der Nähe. Ich weiß nicht, ob mir in dem Durcheinander irgendwelche Aufnahmen gelungen sind, ich weiß bloß, daß ich das Blitzlicht aufleuchten sah.

Von der geschlagenen Schlacht waren alle ermüdet. Die Eulenkinder in der Höhle schlummerten ein, auch die Altvögel waren nicht zu sehen. Zwei Uhr nachts. Um die Batterie zu schonen, schaltete ich sie zeitweise ab. Ringsum herrschte tiefe Finsternis. Tschuk schlief. Auch mir war heute irgendwie warm, ich hätte sogar auch schlafen können, aber ich wußte, daß nach der Mitternachtspause die Fischuhus vor der Morgendämmerung wieder aktiv werden würden. Ich saß und wartete: Was würde weiter werden?

Es ist zwei Uhr fünfunddreißig. Das Männchen ist mit einem kleinen Frosch geflogen gekommen, hat ihn schnell einem Jungen gegeben und ist wieder auf und davon. Es hat die Junguhus nur aufgeweckt. Jetzt sitzen sie da und pfeifen leise. Die Zwergohreulen balzen immer noch. Eine muß ganz in der Nähe, zwei andere müssen weiter weg sein. Ihr Liedchen ist schlicht: »Ut-to-ta, ut-to-ta...« Aber die Stimmen der Vögel sind unterschiedlich: bei dem einen etwas höher, bei dem anderen etwas tiefer. Dadurch erhält ihr Lied seinen besonderen Reiz. Am Ufer des Bikin wiederholt ein Schildkauz immer wieder sein »Uch-uch«.

Drei Uhr fünfzehn. Erneut hat ein Fischuhu einen Frosch gebracht und ist eilig wieder davongeflogen. Irgendwo hinter meinem Rastplatz ruft ständig jemand »Oi-oi...«. Die Stimme ist dumpf, könnte einer Eule gehören. Möglicherweise balzt dort die Halsringohreule, die letzte der Primorje-Eulen, die für mich vorerst noch ein Rätsel darstellt.

Drei Uhr fünfundfünfzig. Das Weibchen ist von der Jagd zurück, die Beute – ein Amurkarpfen. Der Morgen graut zwar schon, es ist aber trotzdem noch recht dunkel. Die Riesenfischuhus können nachts doch nicht so besonders gut sehen. Wenn die Jungen in der Abenddämmerung ihre Eltern schon aus einer Entfernung von etwa zweihundert Meter wahrnehmen, so sehen sie die Alten nachts, wenn diese lautlos anfliegen, nur aus zehn, fünfzehn Meter Entfernung.

Vier Uhr fünfzehn. Gerade ist das Männchen gekommen, dieses Mal hat es wohl einen kleinen Fisch gefangen. Die Jungen sind merklich aktiver geworden. Sie tapsen in der Höhle umher, suchen sich eine Beschäftigung und pfeifen ab und zu laut. Auf der Erde im Gebüsch des Faulbaums pfeift verhalten ein Rubinkehlchen.

Vier Uhr dreißig. Es wird merklich heller. Wiederum, aber bereits lauter, hat irgendwo das Rubinkehlchen zu singen begonnen. Die Ostasiatische Zwergohreule und der Schildkauz haben ihren Schwung verdoppelt. Die Blaßdrossel hat ihren Gesang zaghaft begonnen und ist wieder verstummt. Danach läßt die Schwirrnachtigall ihr verhaltenes Lied erklingen. Ihr Gesang erinnert an das Wiehern eines Fohlens. Abseits singt wohl eine Gartendrossel. Eines der Fischuhujungen fängt hysterisch an zu pfeifen.

Vier Uhr vierzig. Es ist schon so hell geworden, daß die Bäume ringsum zu sehen sind. Die Blaßdrossel singt mit voller Kraft. Ihr Lied ist melancholisch, aber schön. Abseits hört man das von plötzlichen Aufschreien unterbrochene, schallende Lied der Gartendrossel. In den europäischen Wäldern singt so etwa die Singdrossel.

Vier Uhr fünfzig. Urplötzlich fängt eine Unmenge von Vögeln an zu singen. Der Waldkuckuck schreit, als rufe er in ein leeres Faß. Aber auch die Ohreulen schreien noch. Zu ihnen hat sich noch der Habichtskauz gesellt. Auch Tschuk ist erwacht. Er möchte nach draußen, aber nach einem Blick auf mich läßt er lieber davon ab. Buchstäblich innerhalb zwei Minuten hat sich die Zahl der singenden Vögel verdoppelt. Rufend ist eine Mandarinente vorbeigeflogen. Ammern, Laubsänger und Meisen lassen ihre Lieder erklingen. Im allgemeinen Durcheinander der Vogelstimmen sind die der Nachtvögel untergegangen. Die Nacht scheint vorbei zu sein. Und wie zum Beweis schraubt sich mit heiserem Schrei ein Ostroller in den Himmel – der farbenprächtigste Tagvogel.

Vier Uhr achtundfünfzig. Nein, die Eulennacht ist noch nicht vorbei. Das Männchen hat einen Frosch gebracht. Wieder jammert der eine Jungvogel, der keine Nahrung bekommen hat, aus Leibeskräften. Aufgeregt hüpft er behende auf der Stelle und schlägt dabei mit seinen schon riesigen Fittichen gegen die Wände der Höhle.

Fünf Uhr fünf. Nun ist es aber wirklich Tag geworden. Schon hat der Narzissenschnäpper zu singen begonnen, und der Weißrükkenspecht pocht. Obwohl in den Morgengesang immer neue Solisten einstimmen, wird die Intensität der Vogelstimmen geringer. So also sieht der Sonnenaufgang im Primorje aus. Die Morgendämmerung ist schon sehr kurz, der Frühling aber dafür lang. Fast zwei Monate zieht er sich hin. Da können sich die Vögel mit ihren Liedern natürlich Zeit lassen.

Fünf Uhr dreißig. Wie ein Kormoran sitzt das Uhumännchen auf seinem Ast und läßt sich mit hängenden Flügeln trocknen. Er sieht doch gar nicht so naß aus. Aber da er sich trocknet, wird er schon naß sein! Das Weibchen kommt angeflogen und setzt sich auf seinen Platz. Die Vögel schauen der aufgehenden Sonne entgegen und beginnen ihr Duett. Dann erhebt sich das Weibchen unerwartet von seinem Ast und streicht ab in den Lärchenwald. Die im Laufe der Nacht müde gewordenen Jungvögel haben sich auf den Boden der Höhle niedergelegt. Ich glaube, auch ich bin müde geworden, bleibe aber weiter in meinem Versteck sitzen. Ich möchte mich nicht gern von den Fischuhus trennen. Tschuk aber ist ihrer schon überdrüssig, er möchte durch den Wald stromern. In seinem verächtlichen Blick lese ich: ›Was du nur immer mit ihnen hast! Schnupper lieber mal, wie sie stinken. Als wir beide die Balz der Auerhähne fotografiert haben, ja, das war etwas ganz anderes. Das waren richtige Vögel!‹ Ich weiß nicht, was ich dem Hund antworten soll. Wirklich, höchste Zeit, daß wir zum Rastplatz gehen und uns Essen kochen...

Dersu Usala würde sich wundern

Heute kam ein Udehe zu Gast. Es war Nikolai Pokulas Ältester, der ebenfalls Nikolai heißt. Er wollte die jungen Fischuhus fotografieren. Man denke! Der legendäre Dersu Usala hätte nur mit dem Kopf geschüttelt und gesagt: »Ich denken muß, was nur mit Udehe los?« Ja, der Udehe von heute ist nicht mehr jener Waldmensch, den vor mehr als einem halben Jahrhundert der bekannte Entdeckungsreisende und Ussuri-Forscher Arsenjew hier am Bikin antraf. Der Udehe unserer Tage stakt nicht mehr mit einer Stange den Einbaum den Bikin aufwärts. Er steuert kaltblütig und geschickt neueste Motorboote. Er sägt schon lange nicht mehr sein Brennholz mit der Schrotsäge, sondern mit der mit Benzin betriebenen Motorsäge. Man findet keinen Udehe, der noch nicht im Flugzeug gereist ist. Und alle sind kultivierte, kluge Menschen, obwohl ihre Hauptbeschäftigung die Jagd und die Taiga, wie früher auch, ihr Zuhause ist. Und obwohl ich ehrlich gestehe, daß ich ohne die Udehe den Riesenfischuhu nicht so bald gefunden hätte, schmeichelt es mir doch, daß ich jetzt echten Udehe ihren berühmten Fischuhu zeigen kann.

Die Bewohner von Krasny Jar bekundeten lebhaftes Interesse am Fischuhu. Schon viele Leute waren eigens zu mir gekommen, um sich die Jungvögel anzusehen. An Sonntagen kamen sie gar familienweise, mit Frauen und Kindern. Kürzlich traf eine ganze Rotte von Schuljungen ein, eine richtige Exkursion unter Führung eines Exkursionsleiters. Ich gestattete ihnen sogar, der Reihe nach die Leiter zur Höhle hochzuklettern. Die jetzt schon riesigen Junguhus plusterten sich auf und knappten erzürnt mit den Schnäbeln. Die Kinder waren begeistert.

Bemerkenswert war, daß die Leute, die kamen, um die Fischuhus zu sehen, mit nicht geringerem Interesse sich auch andere, kleine, weniger attraktive Vögel anschauten, deren Nester ich ihnen zeigte. Sie konnten lange zuhören, wenn ich von Vögeln erzählte, die ihnen seit frühester Kindheit vertraut sind. Gewöhnlich war ich es selbst, der das Gespräch unterbrechen mußte, da es für mich immer irgendwelche unaufschiebbaren Tätigkeiten gab. In diesen Fällen versprach ich dann, irgendwann später zu Ende zu erzählen. Die Leute fuhren wieder weg, aber ihre Besuche blieben mir in angenehmer Erinnerung. Und noch lange, wenn ich in meinem Versteck wieder mit mir allein war, dachte ich über diese Udehe nach, die über der Hast des Alltags, über dem Heulen der Motoren auf dem Bikin die Natur nicht vergessen haben, der sie ihr Dasein verdanken. Als Großstädter weiß ich, daß dies bei weitem nicht jedem bewußt ist...

Und ringsum blüht schon der Faulbaum. Vom mangelnden Schlaf (oder vom Duft?) tut mir ein wenig der Kopf weh. In dem Wasserlauf, aus dem ich mein Teewasser hole, laichen jetzt die Sibirischen Winkelzahnmolche. Sie ähneln den Teichmolchen. Die schlüpfrigen Tiere haben sich zu einer Gruppe versammelt und »tanzen« im Wasser. Um ein ablaichendes Weibchen kreist ein Dutzend Männchen. Hergekommen war ich, um Wasser zu holen, und da stehe ich nun und schaue. Er ist doch schön, der Frühling am Bikin!

Frühlingsende

In den letzten Tagen ist es merklich wärmer geworden. Zeitweise fällt Regen, es sind keine Wolkenbrüche, aber sie sind doch ziemlich intensiv. Der Bikin ist beinahe einen Meter gestiegen. Viele der ruhigen Arme sind trübe geworden und haben den Wald überflutet. Zusammen mit dem warmen Wasser kamen unter dem Laubwerk vom Vorjahr die krausen Federbüsche der Farne hervor. Allmählich wird es ringsum grün. Vor drei Tagen habe ich zum ersten Male in diesem Jahr das Lied des Kleinsperbers vernommen. Der Greif rief mehrere Male seinen Abzählreim: »Taitai, flieg herbei!« Die Kleinsperber treffen spät am Bikin ein, zu

Ende des Frühlings. Und obwohl der Wald noch nicht sein Blätterkleid angelegt hat, fühlt man, daß nur ein kleines bißchen Wärme und Zeit noch nötig sind, damit aus dem grauen lichten Wald ein grüner dunkler wird. Ich erinnere mich, daß dies im letzten Jahr innerhalb knapp drei Tagen vor sich ging. Auch Mücken tauchen unerwartet wieder auf. Heute, am 25. Mai, habe ich den ersten Segelfalter gesehen. Dieser Schmetterling ist nicht groß, aber sehr schön – samtig, dunkelblau mit einem grünlichen Schimmer. Von meiner Arbeit der vergangenen Jahre im Primorje her weiß ich, daß genauso aussehende Segelfalter, aber größere, mit einer Flügelspannweite von zwanzig und mehr Zentimetern zur Sommermitte umherfliegen – schon die zweite Generation der Schmetterlinge, deren Raupen sich an den jungen Blättern des Amurkorkbaums dick und rund gefressen haben. Der Sommer beginnt...

Heute dachte ich schon, mein Herz bleibt mir stehen. Komme ich doch tagsüber zu den Uhujungen, da ist die Höhle leer! Aber dann zeigte sich, daß dem doch nicht so war. Die Jungvögel hatten meine Schritte schon von weitem gehört und beschlossen, sich zu verstecken. Der eine hatte sich zu einer »Säule« gestreckt und drückte sich platt gegen die Rückwand der Höhle, der andere lag flach auf dem Boden. Daß sie sich wirklich versteckt und nicht nur zufällig solche Posen angenommen hatten, verrieten ihre Augen, die sie nicht vollständig geschlossen hatten. Die Vögel beobachteten mich sozusagen mit halbem Auge. Es schien, als wenn sie mich belauerten, um herauszubekommen, welchen Eindruck ihr Verschwinden auf mich machte. Diese kleinen Teufel! Als sie merkten, daß ich sie gefunden hatte, knappten sie sofort offen und voller Ärger mit den Schnäbeln.

Am nächsten Tag konnte ich mich nochmals davon überzeugen, daß die Eulenkinder merklich klüger geworden waren. Dieses Mal begab ich mich bei Tag in mein Versteck, weil ich das Verhalten des älteren Jungvogels beobachten wollte, der beschlossen hatte, den Tag auf der Spitze des Nistbaumstumpfes zu verbringen. Zu diesem Zeitpunkt fiel es Tschuk ein, zu mir zu kommen, da er sich am Rastplatz allein langweilte. Der Junguhu bemerkte die Schritte des Hundes schon aus ungefähr hundert Meter Entfernung. Zuerst reckte er, so weit er konnte, den Kopf nach oben, bemüht, die Ursache des Lärms zu ergründen. Als er herausbekommen hatte, was los war, streckte er sich zu einer dünnen »Säule« und ließ die Lider sinken. Dabei rutschte ihm ein Flügel auf die Brust, wodurch sich die Konturen des Vogels verwischten. In dieser Pose konnte man ihn unmöglich von einem abgebrochenen Ast unterscheiden. Als er jedoch sah, daß Tschuk den von mir getretenen Pfad entlanglief und also an dem Baum, auf dem er saß, vorbeikommen mußte, öffnete er wieder die Augen. Die Tarnpose beibehaltend, knappte er erregt mit dem Schnabel. Diese Verteidigungsreaktion, die Tarnungs- und Drohelemente in sich vereinigte, war bei dem Jungen das erste Mal zu beobachten. Vorher hatten sich die Junguhus entweder verborgen, oder sie drohten. Jetzt kannten sie die sie umgebende Wirklichkeit schon besser, daher war ihr Verhalten zu einzelnen Ereignissen nicht mehr so konkret. Kompromißlösungen boten sich jetzt an, daher auch das Tarn-Droh-Verhalten.

Ja, das Leben der Riesenfischuhus wurde immer komplizierter. In den letzten Tagen hatte sich auch das Verhalten der Altvögel verändert. Sie kamen jetzt nicht mehr gegen acht Uhr abends auf ihre Äste geflogen und sangen auch nicht mehr im Duett. Ganz allgemein waren sie viel stiller geworden, besonders das Weibchen, dessen Pfiff man nicht mehr oft hören konnte. In dieser Zeit gab es allerdings auch einschneidende Veränderungen im Wetter. Wenn ich mich früher gegen Morgen vor Kälte in einen Eiszapfen verwandelt hatte, so waren die Nächte jetzt viel wärmer. Heute entlud sich ein starkes Gewitter. Die Wärme und das viele Wasser in allen Armen taten das Ihre. Der Wald wurde grün. Die Frösche verschwanden, die Nahrungsbeschaffung wurde schwieriger. Natürlich mußte sich das alles auf das Verhalten der Altvögel auswirken.

Am Morgen des 28. Mai bemerkte ich, daß ein Jungvogel der Riesenfischuhus tatsächlich fehlte. Bald ließ er jedoch selbst von sich hören. Sein Pfiff kam aus Richtung Zedernwald.

Und es regnete und regnete. Der Bikin stieg um zwei Meter.

Das Wasser erreichte schon den Rastplatz. Letzte Nacht wäre beinahe der Benzinkanister weggeschwommen, der in Lagernähe in den Büschen lag. Während man früher zur Höhle der Fischuhus auf einem trockenen Pfad gelangte, reichte einem das Wasser jetzt an vielen Stellen bis zur Hüfte. In einer Bodendelle näherte es sich sogar schon dem Baum der Fischuhus. Aber unter ihm wohnten doch die Dachse. Die ganze letzte Nacht hatten diese ihre Jungen irgendwohin an einen trockenen Platz getragen. Die Tiere liefen furchtlos an meinem Versteck vorbei, das ich klugerweise auf einem Huckel errichtet hatte. Zum Morgen standen die Gänge des Dachsbaus vollkommen unter Wasser. Der Ausflug des einen Junguhus versetzte den anderen in Aufregung. Es hielt ihn nicht länger an seinem Platz, er konnte nicht einmal den Abend erwarten. Als ich zur Mittagszeit kam, um nach ihm zu sehen, war er nicht mehr da...

Nun also hatte das Nestdasein der Riesenfischuhus ein Ende gefunden. Die Höhle brauchten sie nicht mehr. Mir war traurig zumute, aber gleichzeitig war ich auch zufrieden. Traurig war ich, wie immer vor einem Abschied, und zufrieden, weil die Uhus ihre Kindheit glücklich hinter sich hatten. Vor ihnen lag die Jugendzeit. Und außerdem dachte ich, ehrlich gesagt, mit Befriedigung daran, daß ich es mir in der kommenden Nacht erlauben konnte auszuschlafen. Ich hatte ja schon neunzehn Nächte kein Auge zugetan, nicht eingerechnet die, in denen ich das Nest des Fischuhus gesucht hatte.

Ausschlafen sollte ich jedoch auch in der nächsten Nacht nicht! Mit dem Bikin ging etwas Unbegreifliches vor. Das Wasser stieg und stieg. Es näherte sich schon der Dreimetermarke an dem Stab, den ich in dem Arm neben dem Boot ins Wasser gesteckt hatte. An der Stelle, wo noch vor zwei Tagen mein Lagerfeuer gebrannt hatte, floß nun Wasser. Von drei Seiten schloß es jetzt das Zelt ein. Die ganze Nacht mußte ich auf der Hut sein, mein Lager verlegte ich auf den mit Pfählen befestigten Brennholzstoß. Schon dachte ich darüber nach, womit diese »Sintflut« wohl enden würde, da hörte gegen Morgen das Wasser auf zu steigen.

Vom Morgengrauen an befaßte ich mich mit meiner Wirtschaft: Ich trug mein Gepäck von einem Platz auf den anderen und schöpfte das Wasser aus dem Boot. Doch was ich auch anpackte, es zu Ende zu bringen, kostete mich viel Arbeit. Zu guter Letzt ließ ich alles stehen und liegen und begab mich auf die Suche nach meinen Uhujungen, war aber nicht einmal recht überzeugt, daß ich sie im dichten Bestand des Auwaldes finden würde.

Ich fand sie jedoch recht schnell: Zweihundert Meter vom Nistbaum entfernt schimpfte eine Singdrossel. Ebendort kreischte durchdringend auch ein Weißrückenspecht. Als ich mich vorsichtig in Richtung des Vogelgeschreis vorarbeitete, sah ich schon von weitem einen meiner Fischuhus. Er saß auf einem Baumknorren über einer Pfütze und betrachtete mit geneigtem Kopf die größer werdenden Ringe, die die von den Bäumen fallenden Tropfen bildeten. Der Uhu sah sehr selbstbewußt aus. Er war schon nicht mehr der Jungvogel aus der Höhle, dessen Anblick mir vertraut war. Bereits von weitem fielen mir seine nach verschiedenen Richtungen abstehenden üppigen hellen »Ohren« auf. Augen und Schnabel verliefen in eins zu einer dunklen Maske.

Der Junguhu bemerkte mich schon aus fünfzig Meter Entfernung. Aus einem rundlich fülligen Vogel verwandelte er sich sogleich in eine dünne lange »Säule«, gleich dick vom beigefarbenen Kopf bis hinunter zu den stahlblauen Füßen. Sogar die »Ohren« waren verschwunden. In dieser Stellung verharrte er reglos, bis ich mich auf etwa fünf Schritte genähert hatte. Danach zwinkerte er gekränkt mit den weißlichen Lidern, fiel plötzlich in sich zusammen und drehte mir verdrossen den Rücken zu. Ich tat noch einen Schritt. Sein Gefieder sträubte sich, und drohend knappte er mit dem Schnabel.

Der zweite Junguhu, den ich auf den in die Luft starrenden Wurzeln einer vom Wind gefällten Zeder entdeckte, begrüßte mich ebenso unhöflich. Aber ich wünschte ihnen beiden trotzdem ein glückliches Leben und sagte »Auf Wiedersehen«.

Abschied von einem Traum

An diesem Abend legte ich mein Gepäck ins Boot und steuerte dieses auf dem reißenden trüben Wasser des über die Ufer getretenen Bikin in Richtung auf die Wiesen an der Olonka. Dort wollte ich bis zum Herbst bleiben, um das Nestverhalten der Vögel an den Waldrändern zu beobachten. Am Hochufer der Olonka hatte ich mir schon einen Platz für das neue Lager ausgesucht. Dort würde es neue Vögel und neue Erlebnisse geben. Dort konnte es vorkommen, daß eine Amurnatter vom Baum herunterfiel und sich mir wie ein nasses Seil um meinen Hals legte oder Halysottern in meine am Zelt zurückgelassenen Stiefel krochen. Dort würde es ebenfalls sehr interessant werden, aber was es dort nicht geben würde, das war ein »Traumvogel«.

Natürlich werde ich im Verlaufe des Sommers noch einige Male die Insel besuchen, auf der die Riesenfischuhus leben, und bis Mitte Juli die noch schlecht fliegenden Jungvögel in ihrem ehemaligen Nestbereich antreffen, aber das wird ein anderes Zusammentreffen sein, ein anderes Leben als das, da ich Teil der Vogelfamilie war und nur deren Interessen lebte.

Irgend etwas Seltsames ist mit mir vorgegangen. Das Nest der Riesenfischuhus habe ich gefunden, dafür aber einen Traum verloren. Ich weiß nicht einmal, ist das gut oder schlecht...

Tschuk allerdings teilt meine Beklommenheit nicht. Ein Umzug von einem Ort zum anderen ist für ihn immer eine Freude. Das erste Mal in diesem Jahr beneide ich den Hund ehrlich.

Der Pfad, der weiter führt

Spätherbst 1974. Vor kurzem erst bin ich vom Bikin nach Hause, nach Leningrad, zurückgekehrt. Drei Jahre sind vergangen, seit das Nest des Riesenfischuhus gefunden wurde, der noch vor kurzem »einer der am wenigsten erforschten Vögel unserer Fauna« gewesen war. Während meiner weiteren Arbeit am Bikin habe ich mehr als einmal für ein, zwei Tage an jener für mich schicksalhaften alten Ulme mit der Höhle vorbeigeschaut. Sie steht noch. Meine Fischuhus sind ebenfalls noch da und ziehen hier jährlich ihre Jungen auf. Vom Ufer zu ihrem Nest habe ich schon einen richtigen Pfad ausgetreten. Jetzt empfinde ich die Begegnung mit den Vögeln, nach denen ich etliche Jahre gesucht habe, als Selbstverständlichkeit, ja ich bin sogar verwundert, wenn ich sie aus irgendwelchen Gründen nicht gleich sehe. Bis ins Letzte ist mir jetzt auch der Bikin vertraut, mein Boot durchfurcht sicher seine wilden Wogen. Auch die Vögel, die am Bikin leben, kenne ich fast alle... Also ist die spannende Zeit der Suche vorbei?!

Nein. Der Taigapfad der Entdeckungen führt mich weiter... Nachdem ich das Nest des Riesenfischuhus gefunden hatte, drangen wir bereits im darauffolgenden Jahr mit Unterstützung unserer Udehe-Freunde zum Oberlauf des Bikin, ins Einzugsgebiet der tosenden Kljutschewaja vor. Wir waren zu dritt: Alexej Nikanorow, Student der Biologischen Fakultät der Universität Leningrad, ich und Tschuk. Über ersteren seien nur ein paar Worte gestattet: Unablässig träumte er davon, eine Entdeckung zu machen, und scheute keine noch so schwere Arbeit, die es bei Forschungen im

Felde ja immer zur Genüge gibt. Für Alexej war es kein Problem, mit einem 15-Kilo-Rucksack zwanzig und mehr Kilometer durch die Taiga zu laufen. Hauptsache, es bestand auch nur eine kleine Hoffnung, dort irgend etwas Interessantes zu sehen zu bekommen. Er konnte jeden beliebigen Baum ersteigen, in kürzester Zeit am Feuer Essen zubereiten und sogar Brot backen. Zusammen mit Alexej habe ich etliche hundert Kilometer auf Waldpfaden zurückgelegt. Im Ergebnis konnten wir höchst interessantes Material über das Sichelhuhn sammeln, den wohl rätselhaftesten Hühnervogel, der bei uns in der Sowjetunion heimisch ist.

Das »Schwarze Haselhuhn«, wie es auch genannt wird, lebt auf einem eng begrenzten Gebiet, das fast völlig auf sowjetischem Territorium liegt. Dieser Vogel nistet im wesentlichen in den dunklen Nadelwäldern des Sichote-Alin, einschließlich seiner Ausläufer, im Primorje-Gebiet und auf Sachalin. Über die Lebensweise des Sichelhuhns ist nur sehr wenig bekannt. Bis in jüngste Zeit konnten sich die Ornithologen nur an Hand eines einzigen schlecht erhaltenen Präparates, das im Museum der Universität Moskau aufbewahrt wird, vorstellen, wie die Jungvögel aussahen. Aber wie beim Riesenfischuhu lachte uns auch beim Sichelhuhn wieder das Glück. Wir bekamen es nicht nur zu Gesicht – wir lebten einen ganzen Sommer unter diesen Vögeln, erzogen ihre Jungen und können jetzt über sie sogar mehr aussagen als die hiesigen Udehe-Jäger!

Das Sichelhuhn ist wirklich ein eigenartiger, ungewöhnlicher Vogel, dem die Furcht vor dem Menschen fast völlig fehlt. Um zum Beispiel seine Eier zu besichtigen und zu wiegen, mußten wir diese direkt unter dem Vogel hervorholen. Dabei flog er nicht etwa weg, sondern heulte nur drohend und versuchte, einem in die Hand zu hacken. Es gab Fälle, in denen die balzenden Männchen, anstatt auszuweichen, Drohstellung einnahmen und mutig dem Menschen auf einem Pfad entgegentraten! Gewöhnlich frißt es, putzt es sich das Gefieder, ruht sich aus und schläft es, selbst wenn Menschen nur wenige Meter von ihm entfernt sind. Zufällig aufgeschreckt, fliegt es kerzengerade in die Höhe, setzt sich auf den ersten besten Ast, wo es sich vollkommen sicher fühlt und wahrscheinlich nicht vermutet, daß der Mensch auf es schießen oder ihm mit Hilfe einer gleich an Ort und Stelle geschnittenen Rute eine Schlinge um den Hals legen und es nach unten ziehen könnte.

Als wir das Sichelhuhn beobachteten, kamen wir zu dem Schluß, daß die Flugfähigkeit dieser Vögel wahrscheinlich begrenzt ist. Ich habe nie ein Sichelhuhn hintereinander dreißig oder vierzig Meter fliegen sehen. Überhaupt ist es ein außergewöhnlich seßhafter und dazu noch phlegmatischer Vogel. Still und geruhsam führt es in der Taiga sein Dasein, nur im April, Mai, wenn sogar in die dunklen Tannenwälder der Frühling einzieht, wird das Sichelhuhn etwas lebhafter.

Wir beobachteten auch die Balz dieser Vögel. Sie verläuft folgendermaßen: Jedes Männchen hat innerhalb des gemeinsamen Turnierplatzes sein Lieblingsplätzchen. Der Turnierplatz befindet sich irgendwo auf einer mit Preiselbeeren und Sumpfporst bestandenen Terrasse, dort, wo die Tannen Lärchen Platz machen und die Bäume daher etwas lichter stehen. Hierher kommt das ganze Frühjahr lang dasselbe Männchen, dem die Weibchen zufliegen oder, noch öfter, zulaufen – einzeln, zu zweit, zu dritt und mehr, der Harem des Männchens. An diesem Platz oder in dessen Nähe verbringt es fast den ganzen Tag, besonders munter aber wird es vor Sonnenuntergang.

Während der Balz stolziert das Männchen ungeduldig auf seinem Platz umher. Die wie beim Auerhahn roten Brauen, die zu einem Kragen gesträubten Federn an Nacken und Hals, der zum Fächer gespreizte Schwanz – alles spricht für die Erregung des Vogels. Von Zeit zu Zeit erzittert das Gefieder am Kropf, die Schritte werden schneller, und wie in Rage beginnt der Hahn nervös mit den Flügeln zu schlagen, mit den Schwanzfedern zu wippen und laut mit ihnen zu rascheln. Diese Bewegungen werden immer intensiver und schneller, plötzlich steht der Vogel wie erstarrt – und in diesem Augenblick erklingt ein ungewöhnlicher anschwellender Heulton. Wenn dieser Laut seine größte Stärke erreicht hat, bricht er plötzlich ab, der Vogel hüpft mit lautem Schnalzen, das an die Klänge einer Kastagnette erinnert, einen halben Meter in die Höhe und schlägt dabei laut mit den Flügeln. Kaum hat er die Erde berührt, schnellt er wie ein Ball wieder in die Höhe und läßt dieses Mal ein doppeltes Schnalzen ertönen.

Damit ist der Gesang zu Ende. Das Sichelhuhn nimmt seine Promenade auf seinem Platz wieder auf, und nach einiger Zeit beginnt der rituelle Tanz mit dem Geheule von neuem. Ein aufmerksamer Betrachter kann erkennen, daß sich der Vogel während des ersten Sprunges um 180 Grad dreht, um seine vertikale Achse, das heißt, er landet mit dem Kopf in der entgegengesetzten Richtung. Der zweite Sprung verläuft normal.

Uns beeindruckten jedoch nicht nur die balzenden Männchen des Sichelhuhns, deren Spiele man ganz offen, in einer Entfernung von fünf, sechs Metern sitzend, beobachten kann. Seltsam sind auch die Jungvögel. Die für Sichelhühner charakteristische »Vertrautheit« stellt sich bei ihnen nämlich erst im Alter von neun bis vierzehn Tagen ein, und zwar gleichzeitig mit der Fähigkeit, flink auf die Bäume zu fliegen. Da die Sichelhühner durchaus nicht als »friedliche Haselhühner«, die sie später sind, den Eiern entschlüpfen, kann man annehmen, daß das vertraute Verhalten sekundär erworben ist; sie hat sich in Jahrtausenden entwickelt, wurde aber in unserem Jahrhundert der Art zum Verhängnis. Wo der Mensch erscheint, verschwindet das Sichelhuhn. Dem aber kann man nicht tatenlos zusehen!

Über das Sichelhuhn könnte man noch endlos erzählen, beinahe genau soviel wie über den Riesenfischuhu. Denn jedes Beobachten dieser Vögel ist heutzutage so etwas wie eine Offenbarung.

Nein, die Zeit der Entdeckungen in der Natur ist noch nicht vorbei! Das Ereignis, über das ich im weiteren berichten möchte, geschah an eben jenem mir »bestens bekannten« Bikin im Frühjahr 1974. Dieses Mal gehörten unserer Expeditionsgruppe außer Alexej Nikanorow, mir und natürlich Tschuk ein Berufskollege an, der ruhige und besonnene Iwan Iljinski. Unser Lager war an einer stillen Bucht des Bikin am linken Flußufer, etwa fünfundzwanzig Kilometer oberhalb von Krasny Jar.

Das ist ein relativ kleines Hochmoor, höchstens eineinhalb Kilometer breit und nicht mehr als drei Kilometer lang. Von seiner Mitte aus kann man die Hügelkuppen ringsum – die Sopkas – gut sehen. Sie sind mit von im Dunst bläulich schimmernden Wäldern bedeckt, in denen der Schnee erst im Juni taut. An einer Stelle ist die schier unendliche Taiga unterbrochen, und im Fernglas erkennt man dort gut das vor wenigen Jahren erbaute Dorf Barchatnoje. Weiter bikinaufwärts, zumindest die nächsten hundert Kilometer, ist die Zivilisation noch nicht vorgedrungen. Hierher kamen wir am 16. Mai, und bereits am 18. Mai gelang es uns, ein Nest eines der seltensten Vögel der Erde, des Mönchskranichs, zu finden! Kein Ornithologe hatte in der Natur jemals zuvor ein Nest, auch weder Eier noch Jungvögel dieser Vogelart gefunden. Bemerkenswert ist, daß seit der Beschreibung des Mönchskranichs durch K. Temminck bis zum Auffinden des Nestes einhundertneununddreißig Jahre vergangen sind.

Der Mönchskranich ist wie »geschaffen« für Hochmoore, in denen Porst und Zwergbirke wachsen, mit ihren dürren Lärchen, mit Wollgras und Moosbeeren auf den mit schmalblättrigem Riedgras bestandenen Bülten. Im Frühjahr, wenn die Bäume noch kahl sind, wirkt die Tarnfarbe dieses Kranichs besonders überzeugend. Sein schieferbrauner Körper, der weiße Kopf und der weiße Hals verschmelzen sozusagen mit den zu dieser Zeit dunklen Lärchen und den weißlichen Birkenstämmen.

Davon konnten wir uns sofort überzeugen, als wir uns daran machten, den Mönchskranichen nachzuspüren. Wenn wir sie von den Bäumen am Rand des Sumpfes aus mit den Ferngläsern beobachteten, waren wir jedes Mal aufs neue davon beeindruckt, wie schwer dieser große Vogel auf scheinbar offenem Gelände wiederzufinden war, wenn man ihn nur einen Augenblick aus den Augen ließ. Bemerken kann man gewöhnlich entweder nur einen laufenden Kranich oder eine schnelle Bewegung seines weißen Kopfes, den er gehoben hat, um Umschau zu halten. In den meisten Fällen laufen die Kraniche jedoch mit tief gesenktem Kopf, der dann überhaupt nicht zu sehen ist. Ende Mai, wenn das Eis unter dem Moos auf den Sümpfen völlig getaut ist, sich der Boden erwärmt, Sträucher und Bäumchen grün werden, dann bekommt man den

Mönchskranich überhaupt nicht mehr zu Gesicht. Zwergbirkendickichte verbergen ihn völlig vor fremden Blicken.

Das Nest des Mönchskranichs ist eine verhältnismäßig kleine, flache »Bülte«; es besteht aus Moos, Wurzeln und Stengeln von Moorgräsern, die die Vögel gleich an Ort und Stelle herausziehen. Daher bildet sich um das Nest herum eine Vertiefung, die sich sofort mit Wasser füllt. Die Pflanzenreste werden kompakt zu einem Haufen gefügt und wahrscheinlich sogar extra festgetrampelt. Das Nest dient den Kranichen nicht nur ein Jahr; in dem von uns untersuchten Nest fanden wir unter einer Schicht frischen Baumaterials Reste von Eischalen, die mindestens aus dem Vorjahr stammten. Im Durchmesser ist diese Nestkonstruktion des Mönchskranichs nicht größer als achtzig Zentimeter und mißt in der Höhe zwanzig Zentimeter. Eine einfache Mulde wird mit trokkenen Stengeln und Blättern von Sumpfgräsern ausgekleidet, seltener werden dünne dürre Zweiglein hineingelegt. In der Mulde des von uns gefundenen Nestes lagen parallel zueinander zwei etwas längliche Eier.

Die Eier des Mönchskranichs ähneln denen anderer Kraniche, z. B. denen des gewöhnlichen Kranichs. Sie sind ebenso schmutziggrün mit vielen unterschiedlich intensiv rostfarbenen Flecken. Die Maße der Eier sind im Mittel 9 × 5,5 Zentimeter, und das Gewicht beträgt etwa 130 Gramm.

Auf demselben Sumpf, einen Kilometer vom belegten Nest entfernt, fanden wir noch einen weiteren Nistplatz von Mönchskranichen, wo die Vögel vor zwei Jahren gebrütet hatten. Somit erhielten wir während einer Saison Kunde von drei Bruten (!). Die beiden von uns untersuchten Nester befanden sich auf verhältnismäßig trockenen, nicht morastigen Bereichen des Sumpfes zwischen Strauchbirken und Lärchen. In beiden Fällen lagen die Nester auf verlassenen Tierpfaden, auf einer ebenen Stelle und nicht etwa auf Bülten (obwohl es davon genügend gab), wie es oft bei anderen Vögeln der Fall ist.

Im Verhalten der erwachsenen Mönchskraniche am Nest ist ihre ungewöhnliche Schweigsamkeit auffallend. Hier hört man kein lautes Rufen. Gewöhnlich unterhalten sich die Vögel nur leise, wobei sie ein verhaltenes »Krr« ausstoßen. Insgesamt sind die Vögel sehr scheu. Sie fliegen das Nest nicht an, sondern kommen vorsichtig, tief gebeugt herbei und verstecken sich dabei in auffälliger Weise hinter den kümmerlichen Bäumen. Sogar ein in drei-, vierhundert Meter Entfernung durch das Moor gehender Mensch versetzt sie in Unruhe, sie beobachten ihn aufmerksam. Verschwindet der Mensch plötzlich, beruhigen sie sich nicht etwa. Das kann man leicht erraten, wenn man in solchen Fällen das Verhalten der Vögel verfolgt: Sie blicken lange in die betreffende Richtung und werfen ständig besorgt den Kopf auf den Rücken, was auf eine bestimmte nervliche Spannung hinweist. Schließlich verlassen sie gebückt das verdächtige Terrain.

Vielleicht sind Riesenfischuhu, Sichelhuhn und Mönchskranich die letzten Vogelarten des Primorje gewesen, über deren Lebensweise wir so wenig wußten? Bricht vielleicht mit ihnen der ins Unerforschte führende Taigapfad ab? Nein, ganz und gar nicht! Bis zum heutigen Tag lassen am Bikin vom Frühjahr bis zur Sommermitte die Fluchtkuckucke ihr leidenschaftliches Lied hören. Ihren Stimmen habe ich mehrmals am Tage gelauscht. Doch noch niemand hat im Primorje das Glück gehabt, Eier oder Junge dieses Vogels zu finden. Über fast ein Drittel aller im Ussurigebiet heimischen Vögel wissen wir bisher so gut wie nichts, und das Verhalten der meisten Vögel ist für uns immer noch ein »Buch mit sieben Siegeln«. Nein, auf dem Pfad der Forschung ist vorerst noch kein Ende abzusehen!

Nun will ich aber nicht so verstanden werden, daß das Ussurigebiet (sicher einer der interessantesten Gegenden der Sowjetunion) bisher nur wenig Interesse bei den Naturforschern gefunden hätte und aus diesem Grunde unerforscht geblieben ist. Im Gegenteil, die hiesige Fauna wird seit langem und intensiv erforscht, und die »weißen Flecken« nehmen allmählich mehr und mehr ab.

Bereits im vorigen Jahrhundert sammelten auf langfristigen Expeditionen rastlose Naturforscher wie L. Schrenck, R. Maak und G. Radde hier Material, viele Tiere und Pflanzen tragen ihre Namen. Auch der berühmte Entdeckungsreisende Nikolai Prshewalski hat die Ussuri-Taiga durchquert. Einen nicht hoch genug einzuschätzenden Beitrag bei der Erforschung dieses Gebiets leisteten am Ende des vorigen Jahrhunderts auch hierher verbannte politische Häftlinge – Jankowski, Godlewski, Dybowski und Kalinowski –, deren Sammlungen in vielen Museen der Welt aufbewahrt werden.

Kreuz und quer durchstreifte im Verlauf von dreißig Jahren der schon erwähnte hochbegabte Forscher Wladimir Arsenjew das Primorje. Fruchtbringende Arbeit leisteten hier die viel zu früh verstorbenen Zoologen Tscherski aus Moskau und Schulpin aus Leningrad. Fast unglaublich, aber dennoch Tatsache ist, daß die überwältigende Mehrzahl der sowjetischen Ornithologen von heute mindestens einmal im Fernen Osten gewesen ist! Schon 1954 erschien das Buch »Vögel des Ussurigebiets« von K. Worobjow, und 1973 kam J. Panows Werk »Die Vögel des Südlichen Primorje« heraus, in dem nicht wenige Seiten der Biologie und dem Verhalten der Vögel des Fernen Ostens gewidmet sind. In verschiedenen Zeitschriften und Sammelbänden werden jährlich Dutzende Artikel veröffentlicht, in denen über die neuesten Beobachtungen zu diesem Thema berichtet wird.

Und dennoch – in der Wildnis des Ussurigebietes heulen immer noch des Nachts die geheimnisvollen Riesenfischuhus, betrachten in aller Ruhe die seltsamen Sichelhühner den vorbeikommenden Wanderer, stolzieren die rätselhaften Mönchskraniche durch die Moore, setzen einen die scheuen Fluchtkuckucke mit ihrem durchdringenden Geschrei in Verwunderung. Weiter wandert der Naturforscher auf seinem Weg durch die Taiga.

Verzeichnis der im Text vorkommenden Tiere

deutsche Bezeichnung	lateinische Bezeichnung	russische Bezeichnung
Amurfalke	Falco amurensis	Амурский кобчик
Amurnatter	Elaphe schrenki	Амурский полоз
Amurzwergrohrdommel	Ixobrychus eurythmus	Амурский волчок
Äsche, sibirische	Thymallus sibiricus	Хариус
Backenhörnchen	Eutamias sibiricus	Бурундук
Blaßdrossel, Weißbrauendrossel	Turdus pallidus (obscurus)	Бледный дрозд
Blaßfußlaubsänger	Phylloscopus tenellipus	Бледноногая пеночка
Blauelster	Cyanopica cyana	Лазоревка
Blaunachtigall	Luscinia cyane	Синий соловей
Blauracke	Coracias garrulus	Сизоворонка
Blauschnäpper	Cyanoptila cyanomelana	Синяя мухоловка
Blauschwanz	Tarsiger cyanurus	Синехвостка
Braunschnäpper	Muscicapa latirostris	Ширококлювая мухоловка
Charsa-Marder	Martes flavigula	Харза
Chinesische Weichschildkröte	Trionis sinensis	Кожистая черепаха
Daurienstar	Sturnia sturnia	Малый скворец

Dreiflecklaufhühnchen, Gelbfußlaufhühnchen	Turnix tanki	Трехперстка
Erddrossel	Oreocincla (Turdus) dauma	Пестрый дрозд
Fischadler	Pandion haliaetus	Скопа
Fluchtkuckuck	Cuculus fugax	Ширококрылая кукушка
Flughörnchen	Pteromys volans	Белка-летяга
Gänsesäger	Mergus merganser	Большой крохаль
Gebirgsstelze	Motacilla cinerea	Горная трясогузка
Gelbhalsammer, Gelbkehlammer	Emberiza elegans	Желтогорлая овсянка
Gimpel	Pyrrhula pyrrhula	Снегирь
Goldhähnchenlaubsänger	Phylloscopus proregulus	Корольковая пеночка
Graumennigvogel	Pericrocotus divaricatus	Серый личинкоед
Graustar	Spodiopsar cineraceus	Серый скворец
Großschnabelkrähe	Corvus macrohynchus	Большеклювая ворона
Guber	Hemibarbus labea	Губар
Habichtsbussard	Butastur indicus	Ястребиный сарыч
Habichtskauz	Strix uralensis	Длиннохвостая неясыть
Halsbandammer, Halsringammer	Emberiza fucata	Ошейниковая овсянка
Halsringohreule, Ringelzwergohreule	Otus bakkamoena	Ошейниковая совка
Isubrahirsch	Cervus elaphus xanthopygos	Изюбр
Kleinsperber, Indiensperber	Accipiter virgatus	Малый перепелятник
Lenok	Brachymystax lenok	Ленок

Malaien-(Schopf-) Wespenbussard	Pernis ptilorhynchus	Хохлатый осоед
Mandarinente	Aix galericulata	Мандаринка
Mangrovereiher	Butorides striatus	Зеленая кваква
Marderhund	Nyctereutes procyonoides	Енотовидная собака
Maskenammer	Emberiza spodocephala	Седоголовая овсянка
Maskenkernbeißer, Großer	Eophona personata	Большой (черноголовый) дубонос
Maskenkernbeißer, Kleiner	Eophona migratoria	Малый дубонос
Meisengimpel	Uragus sibiricus	Длиннохвостый снегирь
Mink	Mustela lutreola vison	Американская норка
Mönchskranich	Grus monachus	Черный журавль
Moschustier	Moschus moschiferus	Кабарга
Narzissenschnäpper	Muscicapa (Zanthophygia) zantophygia	Желтоспинная мухоловка
Ostasiatischer Bindengrünling	Chloris sinica	Китайская зеленушка
Ostasiatische Zwergohreule	Otus sunia	Уссурийская совка
Ostroller, Rachenracke	Eurystomus orientalis	Темный широкорот
Riesenfischuhu, Mandschurenfischuhu	Ketupa blakistoni	Рыбный филин
Riesenschwirl	Locustella fasciolata	Таежный сверчок
Ringelzwergohreule s. Halsringohreule		

Rostseitenbrillenvogel, Rostflankenbrillenvogel	Zosterops erythropleura	Белоглазка
Rotschwanzwürger	Lanius cristatus	Сибирский жулан
Rubinkehlchen	Calliope (Luscinia) calliope	Соловей-красношейка
Schafstelze	Motacilla flava	Желтая трясогузка
Scheckweihe	Circus melanoleucus	Пегий лунь
Schildkauz	Ninox scutulata	Иглоногая сова
Schneehase	Lepus timidus	Заяц-беляк
Schuppensäger	Mergus squamatus	Чешуйчатый крохаль
Schwanzmeise	Aegithalos caudatus	Длиннохвостая синица
Schwarzhalsammer	Emberiza tristrami	Таежная овсянка
Schwarznackenpirol	Oriolus chinensis	Черноголовая китайская иволга
Schwarzspecht	Dryocopus martius	Желна
Schwirrnachtigall, Fernöstliche Nachtigall	Luscinians sibilans	Соловей-свистун
Sibirischer Nerz	Mustela sibirica	Колонок
Sibirischer Winkelzahnmolch	Hynobius keyserlingi	Сибирский углозуб
Sichelhuhn	Falcipennis falcipennis	Дикуша
Spiegelrotschwanz	Phoenicurus auroreus	Сибирская горихвостка
Stachelschwanzsegler	Hirundapus caudacutus	Иглохвостый стриж
Sternrötel	Monticola (Orocestes) gularis	Лесной каменный дрозд
Streifenrohrsänger	Acrocephalus bistrigiceps	Чернобровая камышовка
Stummelsänger	Urosphena squameiceps	Короткохвостка

Sumpfmeise	Parus palustris	Черноголовая гаичка
Taimen	Hucho taimen	Таймень
Tannenhäher	Nucifraga caryocatactes	Кедровка
Tannenmeise	Parus ater	Московка
Tannenschnäpper	Ficedula (Muscicapa) mugimaki	Таежная мухоловка
Ussuri-Regenpfeifer	Charadrius placidus	Уссурийский зуек
Waldkuckuck	Cuculus optatus	Глухая кукушка
Weidenrohrsänger	Phragmaticola aedon	Толстоклювая камышевка
Weißrückenspecht	Dendrocopos leucotus	Белоспинный дятел
Wiesenammer	Emberiza cioides	Красноухая овсянка
Zeisig	Spinus spinus	Чиж

Im Text vorkommende, für das Ussurigebiet charakteristische Pflanzen

deutsche Bezeichnung	lateinische Bezeichnung	russische Bezeichnung
Amurflieder	Syringa amurensis	Амурская сирень
Amurkorkbaum	Phellodendron amurense	Маньчжурский бархат
Asiatische Traubenkirsche	Prunus asiatica	Азиатская черемуха
Chosenia	Chosenia nakai	Чозения
Ganzblatt-Tanne	Abies holophylla	Цельнолистная пихта
Japanische oder Stachelspitzige Eibe	Taxus cuspidata	Тис остроконечный
Koreakiefer	Pinus koraiensis	Сосна корейская
Mandschurische Aralie	Aralia mandshurica	Маньчжурская аралия
Mandschurischer Ahorn	Acer mandshuricum	Маньчжурский клен
Mandschurische Walnuß	Juglans mandshurica	Маньчжурский орех
Spaltblume	Schizandra chinensis	Китайский лимонник
Talulme	Ulmus propinqua	Долинный ильм
Zirbelkiefer („Sibirische Zeder")	Pinus cembra sibirica	Кедр, сосна кедровая сибирская
	Eleutherococcus senticosus	Элеутерококк

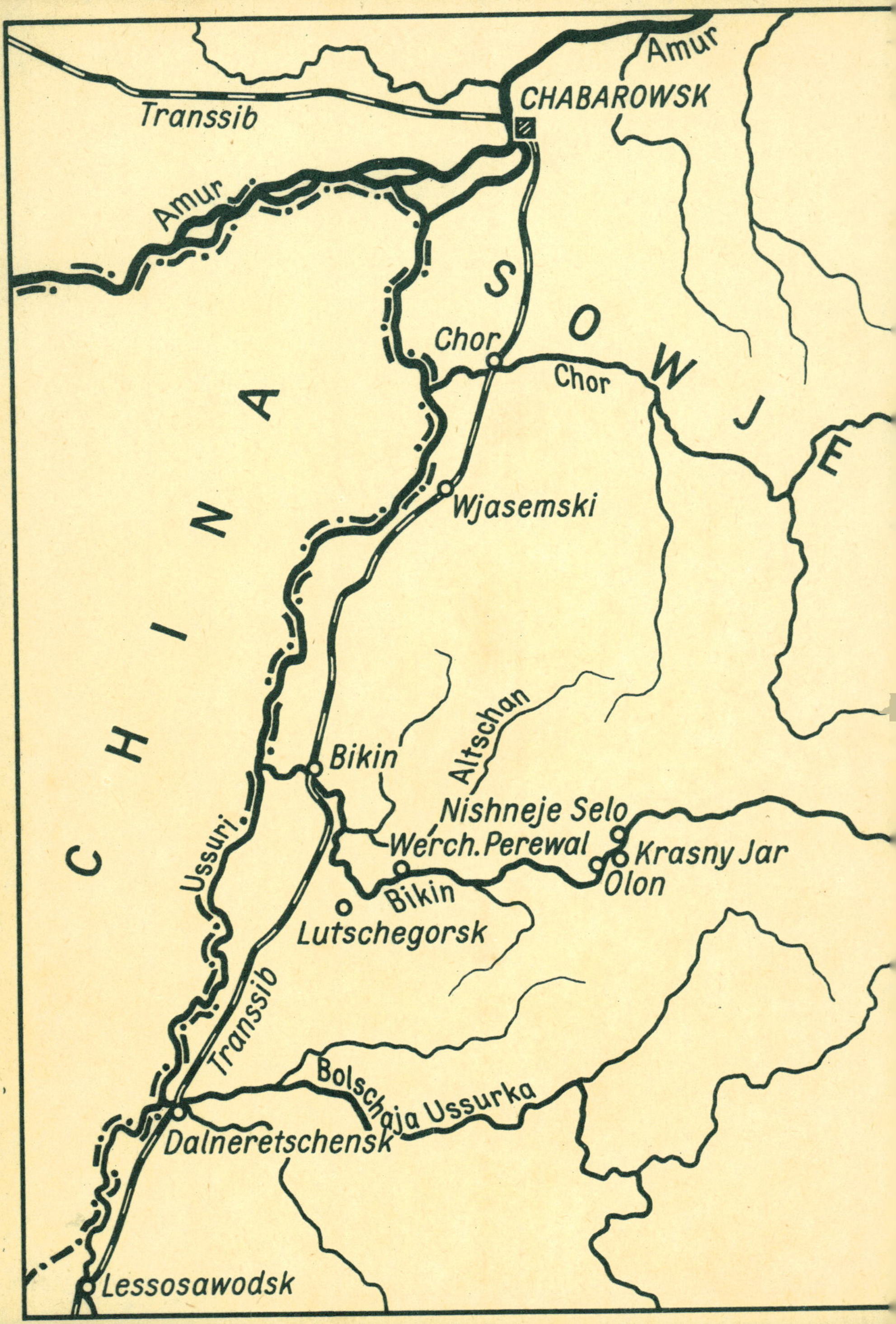
Amur
CHABAROWSK
Transsib
Amur
S
O
W
J
E
Chor
Chor
C
H
I
N
A
Wjasemski
Altschan
Bikin
Nishneje Selo
Werch. Perewal
Krasny Jar
Olon
Ussuri
Bikin
Lutschegorsk
Transsib
Bolschaja Ussurka
Dalneretschensk
Lessosawodsk